野宿に生きる、人と動物

なかのまきこ

もくじ

第2章　Love me tender　大阪・釜が崎の自由と不公平

第3章　Many rivers to cross　野宿仲間と越えていく壁

第4章 People get ready 生きものみんなに明日が来るために

プロローグ

「どうして、獣医なのに、ホームレスさんたちの現場に行っているのですか？」

この日も、よく聞かれる質問を受けた。動物愛護の学習会の帰り道だ。日本国内で、虐げられている犬や猫などについてのつらい現状をなんとかしたい、という真摯《しんし》な思いの人たちの勉強会に、わたしも参加していた。夜の冷たい風が吹く駅のホーム。質問を投げかけた若い女の子の目は、これから自分も獣医を目指したいという希望にあふれていた。

「うーん、なんでだろうねえ。でも、きっとそういうことになっていたのかなあ」

彼女には申し訳ない、曖昧な返答だけれど、わたしには、こういうふうにしか答えられない。


一九九〇年六月。生まれて初めて、日本列島を飛び出した。借り物の三〇リットルのリュックに数着の着替えと本とカメラと日記帳をつめて、向かう先はアメリカ大陸だった。子供のころから、北の大地に生きる野生動物に惹かれていた。どうしても、彼らに会いたかった。最安値のルートを調べた結果、ロサンゼルスからシアトル（ワシントン州）へ行って、そこからアラスカへ飛ぶというルートに決めた。英語も話せないのに、一人で行って大丈夫なのかと周囲にはさんざん言われたが、「きっとなんとかなる」ときわめて夢見がちな楽観的思考の二十一歳だった。

思い返せばあのころ、わたしは、動物のことばかりにひたむきなフリーターだった。一九八〇年代後半、「動物の権利」という思想が日本に紹介され、チェルノブイリ原子力発電所事故後、ソーラー発電などのオルタナティブ・エネルギーに注目が集まり、エコロジー運動が高まっていたころのこと。わたしは浪人生だったが、大学受験もやめて、あっという間に動物保護にかかわる活動に飛び込んでいた。国内外の実験動物や畜産動物のひどい扱いの写真や映像にショックを受け、その現状を知らせようと、バイトをしながらミニコミを自費出版したりパネルをつくったりした。物心ついたころから自分の仲間で先生だと思っていた動物たちが、こんな目にあっているのが許せないと単純に思ったからだ。

一方で、「生き生きと当たり前に生きている野生動物たちに会いたい」と強く思うようにもなっていた。

単身渡ったアメリカ大陸は、案外、容赦なかった。最初に着いたロスの空港では、「英語もできないのに一人で来るなんて非常識だ」と空港のおじさんに叱られた。ようやくシアトル・タコマ空港に着いたのは深夜。やっとの思いで探し当てたユースホステルでは、思いきりぼられた。しかも、その宿に、二着しか持ってこなかった、わたしにとっては高級衣料のGパンを忘れてきてしまった。

みじめな思いでシアトルの街を歩いた。ユースホステルに荷物を預け、ポーチ一個で身軽なはずなのに、「アメリカの都市はおっかないところなのだ」という強い先入観がぬぐえず、重苦しい気持ちで用心深く通りを足早に歩いていた。そのとき、人通りの多いメインストリートで黒人の男性と子供にぶつかりそうになった。はっと目があった。その瞬間、男性が「ヘーイ！」と声をかけてきた。満面の笑顔だった。ちいさな坊やも、にこにこっとした。ずっと深刻なしかめっ面をしていたが、心がなんだかすっと解けた気がした。思わず、わたしも笑い返していた。

「どこから来たの？」

「日本」

「旅をしているの？」

「うん」

その親子、ジェイムスとジェイムス・ジュニアは、瞬時にわたしが英語もサバイバルもできないくせに夢だけ背負ってきた若い日本人だと気づいたようだった。「ヘイ、ヘイ、スマイル、スマイル」というようなことを声かけてくれながら、いっしょに歩き出した。「今夜ユースホステルに泊まる。荷物は置いてきた。でも寝袋も買わなくちゃいけないし、ごはんも食べたい」と必死の英語でしどろもどろに説明した。

「せっかくだから、シアトルの街を案内するよ！」

するとと親子は、笑顔でこう返した。

かくして、ジェイムス親子との「シアトル散歩ツアー」が始まった。ジェイムスは三十歳代後半ぐらい、ジュニアくんは五、六歳ぐらいだったろうか。彼らが歩いていると、道行く人たちが「ハーイ」と陽気に声をかけてくる。「あなたのお友達ですか？」と思わずたずねる。

「そう、友達。ぼくらは有名人だからね。ぼくらは、この街のホームレスなんだよ。でもけっこうハッピーに暮らしている。この街の人はいい人たちさ。そうだ、君が欲しいといってる、寝袋を見にいこうか？」

ジェイムスも坊やも、できるだけやさしい英語を選びながら、わたしを気遣ってくれる。ハトの群れがなぜかお供だ。

「この店、この店！」

ジェイムスが指差したアウトドアショップは、こぎれいなたたずまいだった。わあ、ここは少し高いかも……とわたしが言おうとした瞬間。ガラガラ！と大きな音がして、檻みたいなシャッターが目の前で下りた。一瞬、何が起きたのかわからなかった。

「別の店へ行こう」

ジェイムスは何食わぬ顔を装って足の向きを変えた。

そう、この店は「ホームレスと貧しそうな日本人旅行者」を、物理的にシャットアウトしたのである。

「おなかが空いたな」とポツリと漏らした。事実、昨夜からほとんど何も食べていなかった。お店に入るのも怖くて、クッキーなどで空腹をまぎらわしていた。

「いいところがあるよ！　ぼくたちもおなかが空き始めた。いっしょに行こう！」

ジェイムスは、手馴れたかんじで、陽気に鼻歌を歌いながら歩き始めた。

歩いていくうちに都会の喧騒は薄れ、郊外に移動して、やがてひとつの建物の前にたどりついた。

「ここはどこ？」

ぼうっとしながら聞いた。

「教会だよ」

たしかにイエスキリストの絵画が壁に飾られている。つつましい教会のなかは、驚くほどたくさんのホームレスさんたちで埋め尽くされていた。皆、厳粛に静かに着席していく。神父さまの長い説法、絶妙なハーモニーのホームレスさんたちによる賛美歌の合唱と続いた。

「さて、ごはんタイムだ！」

皆が席を立ち、わらわらと移動を始める。なるほど、そうだったのか。ジェイムス親子の「いいところ」とは、ここ、無償でごはんを提供してくれる教会だったのだ。ジェイムスが運んできてくれたのは、たっぷりのホワイトシチュー（のようなもの）と、それにパンとスープがついたプレートだった。空腹のわたしには大変なごちそうだった。三人で横並びに座って、黙々と食べた。たぶんわたしは、三日ぐらいごはんをもらえなかった犬よりも豪快にむさぼり食べていたと思う。

と、そのとき。隣から、おずおずとスプーンが近づいてきた。

坊やが、わたしに、自分のごはんを分けようとしているのである。「more?」もっと食べる?と。頭を殴られたような衝撃を受けた。スプーンにはホワイトシチューもどきが、たっぷりと載っていた。「ありがとう」と言う前に、そのシチューもどきは、どどっとわたしのプレートに注がれた。二回も三回も。

もういいんだよ、と英語でなんと言えばいいのだろう。ジェイムスは、にこにこしながら愛おしそうに、何度も坊やの頭をなでていた。

満腹感と感謝の気持ちでいっぱいになり、少しリラックスしてきたところで、お別れの時間となった。ジェイムス親子はきわめて紳士的に、わたしをきっちりユースホステルの前まで送り届けてくれた。「これからしばらくアラスカに滞在する予定だ」というわたしに、ジェイムスは「気をつけて、いい旅を!」と満面の笑みで応え、さらに「またシアトルに来たら、必ず声をかけてね」と冗談っぽく言った。坊やも、うれしそうに手をふってくれた。

それから約一ヶ月のアラスカでの放浪生活の後、すこしだけたくましくなってシアトルへ戻った。もう一度、ジェイムス親子に会いたいと思った。だが、シアトルの街を相当探し歩いたけれど、彼らに出会うことはなかった。中古のレコード屋で買ったボブ・マーリーのライブ版のカセットテープを聞きながら、「どうか彼らが無事でいてくれますように」と祈った。

あれから、アラスカで格安寝袋も買えたんですよ、ハトだけではなくて、グリズリーにもヘラジカにもトナカイにも会ったし、そして温かい旅人や現地の人たちにもたくさん会えた。なくしたGパンもなんのその、安いアジア風モンペとビーチサンダルも買えたんですよ、と報告したかった。少しはマシになったかもしれない英語で。

これが、自分にとっての最初の、野宿仲間（ホームレス）との鮮烈な出会いだ。

アメリカから帰国したあとも、さまざまな迷子動物や捨てられた動物たちを家に連れ込み、小規模ながら動物たちとの共生を模索する活動を続け、またイギリスなどの海外もうろうろし、ヒッピーや自然農を続ける人たちと交流しながら、一九九四年に獣医大学を受験する。獣医大生になってからの六年間は、頑固さゆえに動物実験に抵抗し、周りにさんざんな迷惑と心配をかけ、いざ獣医師免許を取得したら、また元の木阿弥といったテイタラクで、就職もせずに、「動物との共生とは」と自問自答しながら活動とバイトの日々に明け暮れる。

三十歳代半ばでは、定住生活を放棄し、気づいたら、年季の入ったスーツケースをがらがらと引きながら、動物保護団体の事務所や友人の部屋などを泊まり歩き、仕事に出るという生活を一年近くも続けていた。

わたしは、生きていない。皆のお世話になって生かされているのだとはっきり自覚した三十歳代後半に、日本の野宿仲間たち、そしてその家族として暮らす動物たちと出会った。

わたしがしていることは、動物保護活動でも人権活動でもない。ただ、こんな自分でも、皆に恩返しをしたいと思う。でも、恩返しをしたい動物や人たちは、もうこの世にいないこともある。だから、「恩返し」（ペイバック）ではなくて、「恩送り」（ペイフォワード）と静かな気持ちで言いたい。

二十年たった今も、ボブ・マーリーを聞くと、あのシアトルの、歩いた道や教会、ジェイムス親子を思い出す。彼らの温かい笑顔は、今も、自分にとって大切な原点の一つになっている。

第1章 山谷ブルース

東京に生きる野宿仲間と動物たち

たこつぼからドッボへ

初めての隅田川医療相談会

思いきり晴れた空の下、まだ肌寒い日曜日。家族連れや観光客らしき人々が散策している東京・隅田川。そのほとりにある「ツキヤマ」と呼ばれるちいさな公園には、百名近い人たちが集まっていた。ほとんどが野宿（ホームレス）の仲間たちだ。月に一度、第三日曜日だけ設置されるブルーシートのテントの前に列ができる。聴診器を首から下げた女性医師が野宿の仲間に声をかける。問診を取ったり血圧を測ったりと忙しい看護師たち。かたわらでは、ボランティアによる青空理容室。バリカンで野宿仲間たちの髪の毛が手際よく刈られていく。その横をハトたちが首をかしげながら、よちよちと通り過ぎる。不思議な活気と、日曜日独特の、のんびりした空気。ちいさな折りたたみ机の横で、ちょっとドキドキしながら立っていた。机の前の張り紙には、急いで描いた犬猫のイラストと「動物の診察」という走り書きの文字。大きなスーツケースに、見当もつかずにありったけの薬をつめこんできた。

「すみません、動物を無料で診てもらえると聞いたんですが……」

女性同士の二人連れが、人懐こい笑顔で話しかけてきた。「すぐそこのテントで暮らしているんだけど」と、川のほうを指す。紐でつながれた、まだ幼い雰囲気の茶トラの猫と、抱きかかえられたペットキャリーのなかには、なにやら動く気配。

そうっとペットキャリーを開けてみると、まだ生後二ヶ月にも満たないであろう子猫が二匹、もぞもぞと動いていた。

「子猫を二匹拾っちゃって。ごはんは食べるんだけど、風邪をひいてるみたいで」

内服薬を処方することにした。一方、紐につながれている若い茶トラの雄猫は、健康そのものという感じだ。机の上に載せて、ワクチンを打った。

続いて、彼女たちの後ろから、六十歳ぐらいのおじさんが白いふさふさした小型犬といっしょに現れた。

「なんだ、獣医なのか？　ほんとに診られるのか？」

どきっとする。白い犬は純真そうな黒い瞳でまっすぐ私を見上げてしっぽをふっている。ああ、この子かわいい！　でも、このおじさんはちょっと気難しそうだなあ……。犬はよく手入れされて、きれいだった。聴診器を当てると、若い心臓の鼓動が確かに伝わってきた。ワクチンを打ち、ひとしきりこの犬と遊んだ。

二〇〇四年三月二十一日、第三日曜日。「隅田川医療相談会」獣医デビューは、総数四匹のしっぽのある仲間たちの診察と、一件の猫の不妊手術相談で終了した。初めての経験に緊張しながら、だけど「来月もまた来ます！」と即答していたのを思い出す。どうしてか理由はわからないけど、自分の心のなかのスイッチがちいさな音を立てて入った瞬間だった。以後、毎月第三日曜日はほかの用事を入れないようになった。

そもそも隅田川医療相談会は、隅田川流域に暮らす野宿仲間たちのために二〇〇〇年の暮れからスタートした、毎月一回の無料医療相談会である。野宿者問題に取り組む活動家たち、医師、看護師などが発起したこの相談会で、なぜ動物診察コーナーが設けられたのかというと……。

二〇〇三年の秋。市民コンピュータコミュニケーション研究会（ＪＣＡＦＥ）と立教大学が共催で行ったシンポジウム「市民活動とインターネット～ネットワーキングの20年と未来への躍進～」のなかで、「情報社会専門家会議」という会議が設けられた。海外および国内各地から集まったさまざまな専門家や各方面の活動家が集うこの会議で、私はパネラーの一人として参加していた。「動物と人の共生」を考える活動を続けてきたわたしは、「どうぶつといっしょに考えるネットワーク」というテーマで講演することになっていたのだが、これまで参加してきたほかのシンポジウムや執筆してきた原稿同様、わたしの名前はいつもの通り「なかのまきこ」とひらがな表記、まじめな会議でヒンシュクかも……と思いながらプログラムを眺めていたら、もう一人ヒンシュクを買いそうなひらがなの名前の人がいたのである。「なすび（山谷労働者福祉会館）」……、明らかに実名ではない。あれ？　もしかして……。

これがなすび氏との運命的ともいえる再会だった。

なすび氏とは、会議の主催者である友人を通じて十年以上前に知り合い、何度かお酒を飲んだ仲だった。そのときは彼の〝活動〟の話はほとんど聞いていなかったので、本当に彼なのかどうか確信は持てなかった。しかし、お互いの姿を確認した瞬間、「わおー！」とか、「ぎゃー！」とか、それぞれ動物のような叫び声を発し、再会を喜び合ったのだった。

なすびというこの一風変わった名前は、彼の長年にわたる野宿者支援活動、労働者運動のなかで、仲良しだった野宿仲間が彼につけた名前で、彼はどこの講演会でもこの名前で通しているのだった。なすび氏が主に活動している東京都の山谷地区というのは、昔から日本三大ドヤ街と呼ばれるところの一つで、日雇い労働者や路上生活者が非常に多い地域である。山谷という地名自体は一九六六年に消滅しているが、東京の東側、台東区から荒川区にまたがるその地域は、今も通称「山谷」「ヤマ」という名前で呼ばれている。「ドヤ」とは主に日雇い労働者が宿泊する簡易宿泊所のことをいう。この宿泊施設が多数並んでいる地域を「ドヤ街」と呼び、日雇い労働の求人も行われることから「寄せ場」ともいわれる。日本三大ドヤ街は、なすび氏の活動する東京都・山谷、横浜市・寿、大阪市・釜が崎（あいりん地区）で、特に釜が崎は日本最大の日雇い労働者の街として知られている。

さて、なすび氏は大学時代からこの山谷における運動に二十年以上もかかわってきた。不当な扱いを受ける労働者や野宿者たちの命と人権を守るため、地域へ働きかけたり、行政と闘ったりしてきた筋金入りの活動家だ。親しみやすい風貌と陽気な雰囲気のなかにも、決してぶれることのない信念が見え隠れしている。

会議後、なすび氏と久しぶりのお酒を酌み交わし、お互いの身の上話などをした。五年のご無沙汰期間のなかで、なすび氏はアメリカに仕事で滞在したり家族を持ったりしていたし、私もなんとか大学を卒業して獣医師になっていたが、それぞれの分野で活動していることは変わらなかった。次第に、お互いの活動の話へと移行する。

「ところでさ、山谷も動物を連れてる〝ナカマ〟がけっこういるんだよ」

（なすび氏の言うナカマとは、日雇い労働や野宿生活をしている野宿仲間たちを指す）

「それがね、皆すごく動物が大事なんだよ。家族なんだ。自分が飯を食えなくても、食わなくても、自分の犬猫にはちゃんと食料を確保するんだぜ」

「ふーん」と私はちょっと心を動かされた。

「動物がいっしょだから、アパートに入居するのを拒否する連中もいるんだよ」

「へえ！」

そうか。もし生活保護が受けられるようになり、あるいは仕事が見つかってアパートに入れたとしても、彼らの受け入れ先となる低家賃のアパートなどは「ペット禁止」がほとんどなのだ。ちなみに、生活保護とは日本の政府・自治体が、経済的に困窮する国民に対して、生活保護費を支給するなどして最低限度の生活を保障する制度である。

「今、月一度は隅田川の横でナカマのための医療相談会をやってるから、来てみない？」

人間のための医療相談会に、動物を診る獣医が参加してもいいのかな……。少しだけ不安もあったが、なすび氏がいっしょなら行ってみようと、軽くＯＫの返事をした。

こうやって、私は「野宿仲間とその家族動物たち」とかかわるドツボへとハマっていくのである。この日の会議では「たこつぼ化現象」というのがどの方面の活動のなかでも問題になっていた。これはさまざまな意味に取れるのだが、電脳系ネット社会のなかでグローバリゼーションが実現していく一方、異分野との顔の見えるネットワーク（会う、話す、飲む？などといった実際の交流）がすたれていき、活動のなかでの細分化や掘り下げは深まる一方だが、真の意味での広がりが見られていない……というふうにわたしは解釈している。

しかし、少なくともこの日、なすび氏とわたしの間での異分野交流のなかで、たこつぼは姿を消していた（たこ同士の交流）。その代わりに新たなドツボが用意されたわけである。たくさんの野宿仲間と動物たちとの出会いと触れ合い、そして別れ。このドツボは以後、かけがえのない宝物になっていくのだった。

ウサギ・マジック

荒川河川敷ウサギのやさしい魔法

綿菓子のようにあちこちに散らばるその生きものたちを見て、しばし呆然とした。大きなとび色の瞳と、まだら模様やグレーの毛色が特徴的な数十匹のウサギである。太陽の光がぼんやりと差し、荒川河川敷は風が穏やかだった。広い河川敷の草影からウサギが駆け出し、穴を掘っている。

「最初はね、ほんの数匹だったんです」

荒川河川敷に野宿する、人のよさそうな飼い主のOさんは、控えめな口調で語り始めた。

事の発端は、毎月第三日曜日に行われる隅田川医療相談会での、ある野宿者支援活動家からの通報だった。「荒川河川敷でウサギが増えちゃっていて、飼い主さんも困っているんです。一度見にきてください」という話だった。

荒川は隅田川同様、東京都内に流れる大きな川である。隅田川沿いに住む野宿仲間たちは、コンクリートのテラスにテントを張ったり小屋を建てたりしていることが多いが、荒川の河川敷はまさに河原状態で、丈の高い草がワイルドにぼうぼうと茂るなかに野宿仲間たちは点々とテントを張っている。ウサギたちの飼い主Oさんも、そこで暮らしている一人だった。

「ウサギが捨てられていてね、かわいそうで面倒を見始めたんだけど、増えてしまって。しかも、捨てていく人もいるんだよね」とOさんは言う。

なるほど、たくさんいるウサギのなかには、明らかにほかのウサギたちと毛色も目の色も違うシャム猫みたいな子もいた。子ウサギも生まれていた。耳のまだ短い、目のくりっとした小さな生きものたちは、親ウサギが掘った穴のなかからぴょこぴょこと見え隠れしている。同行してくれた学生に、念のためウサギたちの写真を撮ってもらった。里親を探そうか、どこかの動物愛護団体に相談しようか。いろんなことを考えた。

翌月の隅田川医療相談会では、野宿者支援活動家の車で、Oさんとウサギたちの元へと向かった。すると、どういうことだろう、テレビの撮影機材らしきものを持った人たちが、Oさんのテントの周辺をうろうろしている。

「なんでしょうか?」と警戒して思わず聞くと、とある報道番組の撮影クルーだった。ある新聞にこの〝ウサギ問題〟が取り上げられていたのを読んで、取材にきたのだという。

Ｏさんは、丁寧に応対していた。その周りで駆けたり、じっとしたり、穴に隠れたりするたくさんのウサギたちに、カメラが向けられている。Ｏさんにウサギの薬とフードを渡して、この日はすばやく立ち去った。

それからほどなくして、Ｏさんとウサギたちをテレビのニュース番組で見るようになった。報道によれば、ウサギの数が増え過ぎたことと、河原に穴を掘ってしまうために堤防が弱くなる可能性も指摘されているとのことだった。生態系への影響も懸念されるという。

どうなってしまうんだろうと心配になり、平日の夕方、Ｏさんのテントを訪ねてみることにした。ひっそりとした東武東上線の駅を降り、現場へ向かう。春の気配のする荒川の河川敷には、普段の静かな夕暮れと打って変わって、ものすごい人だかりができていた。Ｏさんのテント周辺だ。カメラを構える人、犬の散歩途中に立ち寄っている人、網やケージを持ってきてウサギを捕獲しようとしている人……。ウサギたちはあちこちに潜んだり駆けたりしていて、それは以前と変わらないのだが、なんだか数が減っている気がする。Ｏさんを探した。

「毎日のようにマスコミが来るんだよね。マスコミだけでなく、いろんな動物愛護団体や近所の人たちがやってくる。ウサギたちは里親を探してもらうことにしたよ。もう二十匹以上はもらわれているんじゃないかなあ。勝手に連れていく人もいて、いったい今、何匹残っているのか分からない」とOさん。

ずっと静かに暮らしてきたOさんだが、これだけの多様で多数の人たちの対応を余儀なくされたせいか、少しやつれて見えた。

やがて事態は思わぬ方向へ進展した。河川敷を管理する国土交通省の荒川下流河川事務所がウサギによる穴掘りを原因とした堤防の弱化を警戒し、ウサギを囲うための柵づくりに乗り出したのだ。河川事務所の担当者は、淡々とだがしっかりした口調で言った。

「新聞やテレビの報道で、一般の方々から問い合わせの電話が殺到しています。ウサギを保護してほしいというのがほとんどです。できるかぎりのことを、皆さんのお知恵を借りながらやっていきたいと思います」

こうして、ウサギ柵の施工に立ち合うことになった。柵は相当に広く、木材とはいえ頑丈だ。ウサギが穴を掘って外に出ないように、地中深くに資材を入れる。工事を神妙な面持ちで遠巻きに見ている近所の人たち。心配そうなOさん（Oさんは工事でウサギがびっくりしないか心配なのだ）。動物愛護のボランティアや近隣の人たちの尽力で、ウサギの数はだいぶ減ってきていた。それでも、今以上繁殖しないように、雄と雌を分けて入れる。これはウサギたちの信頼を勝ち得ているOさんの仕事だ。ほとんどのウサギが「国土交通省作製の柵」に収まっていった。

最初にOさんとウサギたちに出会ってから、二ヶ月近い時が流れ、桜吹雪の季節。Oさんから電話があり、「花見をしよう」と言う。行ってみると、ウサギの柵のなかで数名での宴会が行われていた。

「あれ？」

いつもの〝野宿宴会〟とは違う、何やら華やかな雰囲気。Oさんを囲んでいるのは、おしゃれな女性ばかりなのだ。用意されたビールやお酒、コップ、おつまみが並ぶ周りを数匹のウサギたちが、ぴょんぴょん跳ねている。皆が楽しげに談笑している。きれいに晴れた日だった。

「今回、ウサギの里親探しをしてくれたり、ウサギを保護してくれたりした人たちなんだよ」

Oさんはうれしそうに言った。彼女たちに話を聞くと、ずいぶんたくさんのウサギたちを個人的に保護していた。この場から引き取ったあとに里親を探したり、病院へ連れていったり……。大変な労力に、本当に頭が下がった。だが、そんな苦労を決して感じさせない、笑顔の宴。実際には桜の木は周囲に一本もなかったが、河原の草たちが爽やかな風に吹かれてキラキラと光っていた。荒川は悠然と流れていた。

過熱していたウサギ報道は沈静化したが、これを機に、荒川の河川敷で毎月第一日曜日に行われている「荒川医療相談会」に参加することになった。最初に、Oさんとウサギたちのことを知らせてくれた野宿者支援活動家が、実は荒川河川敷をメインに活動している保健師さんだったのだ。彼女の話を聞くうちに、荒川河川敷でも捨てられた動物たちを家族にしている野宿仲間が多く存在していることを知り、よし、行ってみようと思ったのである。これで第一日曜日は荒川、第三日曜日は隅田川、という「マイ・スケジュール」が確立された。Oさんは、荒川医療相談会にやってきて、ウサギたちの事後報告をしてくれていた。あれからさらにウサギの数が減り、片手で数える程度しかいないそうで、国土交通省作製の柵を撤去することになったそうだ。

「もう二度とウサギを増やさない」とOさん。報道が福に転じたなと思った。

そして、もうひとつ福は転がってきた。テレビでOさんを見たと実のお姉さんがOさんを訪ねてきたというのだ。長い年月連絡を取ることがなかった家族のうれしい訪問。本当によかったね、ウサギからの贈りものがたくさんあったねと心から思った。Oさんの背後にたくさんのウサギたちの影が見え隠れしている気がした。

Oさんとはその後も荒川と隅田川の医療相談会でつながっている。もう三年以上のつき合いで、ゆるく会って、ちょっとお酒を酌み交わしたりもする。昨年、四匹の子猫がOさんのテントに捨てられたとき、久々にテントにお邪魔したが、あのときのウサギはもう一匹だけしか残っていなかった。花子という名前の高齢のウサギ。「花子がいるから」Oさんは猫は飼えないと里親探しの要請を依頼した。「花子がいるから」Oさんは一時施設に入ったときもすぐ出てきてしまった。テントから日雇いの仕事に出かけ、花子と自分の食料を買いに出る。地元の将棋大会でOさんが優勝したと聞いたが、「金にならないよ」とOさんは賞状を捨ててしまった。その賞状はわたしがしっかり預かっている。それから半年近くご無沙汰していたが、去年の山谷の夏祭り（野宿仲間が集うお祭り。山谷の夏祭りについては56ページ）にOさんは現れた。花子が行方不明になってしまい、ずいぶんたつという。

「もうだいぶ年だったもんね、花子は」

花子はたぶんどこかで亡くなったのかもしれないけれど、それはどうしても言えなかった。

「もう動物は飼わないと決めたんだ」とOさんはきっぱりと言った。

「それでね、ずっと気になっていたんだけど」

Oさんは折れ曲がった茶色い封筒をわたしにそっと差し出した。

「これ少しなんだけど、ずいぶんお世話になったから。次の動物の治療に回してください」

受け取った封筒には、四千円が入っていた。

「ありがとう、ほかの野宿仲間の動物たちにしっかり使わせてもらいます」

Oさんが買ってきてくれたビールを飲みながら、夏祭りの夜はにぎやかにふけていく。もうOさんとウサギ話に夢中になることも、たぶんないだろう。でも、ウサギたちが紡いでくれたOさんとの縁も切れることはない。ウサギたちの柔らかい魔法は、今もきちんと生きている。

はなちゃんとハッピー

隅田川テラスから見える風景

浅草駅を降りて、右手に隅田川を眺めながら歩いていく。隅田川沿いに繰り広げられる四季折々の風景を、いつしか感慨深く眺めるようになった。ここは「東京」というよりも「お江戸」という言葉がしっくりくると思う。冬は静かな川面にカモたちが羽を休め、曇り空のなかたくさんのユリカモメが飛び立つ。春はにぎやかなお花見の宴があちらこちらで繰り広げられ、桜吹雪が舞うなか人力車が走る。夏はハッピ姿がりりしいおじいちゃんたちが、ビール片手に闊歩している。

いつだったか、ある野宿仲間がこんな話をしてくれた。

「花見のあとかなあ、テントの近くに、たくさんのビールといっしょに一万円札が入ったビニール袋がそっと置かれてたんだよね」

気取らなくて、ちょっと乱暴だけど人情があって。まだそんな気風がこの辺りには健在なのだろう。

階段を下りて隅田川テラスを歩く。ブルーテントと呼ばれるブルーシートをかぶった質る。素な小屋がぽつぽつと点在している。ここに、はなちゃんとハッピーが暮らすテントがある。

「はなちゃん、いる?」

はなちゃんが「はーい」と返事をする前に、「わんわんわん!」と飛び出してくる白い雌犬がハッピーだ。耳をぴったりと後ろにつけ、目を細めながら、パタパタとしっぽをふって体をぶつけてくる。熱烈に歓迎してくれるハッピーの背後から、はなちゃんがにこにこしながら顔を出す。

「まきちゃん、どうぞ、なかに入って」

はなちゃんとハッピーに出会ったのは、二〇〇四年の春。隅田川医療相談会の動物医療相談、第一回目のときだった。最初の印象はお互いによくなかった。わたしは、はなちゃんを「頑固そうなおじさんだなあ」と思った。はなちゃんは、わたしが獣医であることについて半信半疑といった顔をしていた。だが、二回目の動物医療相談にも、はなちゃんはハッピーを連れて現れた。三回目の相談会にも、ツキヤマ公園の片隅で、はなちゃんとハッピーは遅刻してきたわたしを待っていてくれた。「遅いよ!」と、すこし悪態をつかれたけれど。

ハッピーは、はなちゃんの懐に入るぐらいちいさな子犬のときに、隅田川のほとりに捨てられていた。白く長く、美しい毛並みの雑種の犬だ。まつげが長く、黒い瞳は思慮深いが、少しいたずらっこな光を帯びることもある。笑っているような口元。ほかの野宿仲間（ヒト科、イヌ科、ネコ科など）とも、大の仲良しである。子猫たちの面倒もよく見てくれる。しかし、隅田川を監視して回る警備員や警察官には猛然と吠え立てる。穏やかではあるが、どこか一本筋が通っている美女だ。

はなちゃんは、捨てられて鳴いていた子犬のハッピーをすぐに保護した。ハッピーの育てのお父さんである。小屋のなかで、毎晩ハッピーを抱いて眠った。自分の食事代を削って、ハッピーのごはんを買った。ハッピーは、はなちゃんの愛情を一身に受けてすくすくと育った。周りのテントで暮らす野宿仲間からも、野宿仲間を支援する活動家たちからも、つねに「ハッピー、ハッピー」とかわいがられて現在に至る。名前のとおり、ハッピーな犬であることには違いない。

いつからか、自主的にはなちゃんのテントにお邪魔するようになった。彼が犬や猫を飼っているほかの野宿仲間たちに隅田川動物医療相談を啓蒙《けいもう》してくれるようになり、わたしも彼自身に対して気持ちがどんどんほどけていったから。お酒が好きで、ちょっと頑固で、でも必ず約束を守るはなちゃんは、多くの野宿仲間に慕われている。彼のテントには、いろいろな人たちが集まる。ちょっとした寄り合い所みたいだ。第三日曜日、医療相談会のときに用事があって犬や猫を連れてこられない野宿仲間たちは、彼を通して、わたしに電話相談をするようにもなった。

はなちゃんのテントは整然としている。服はきちんとハンガーにかけられ、コップもお鍋もハッピーの食器もきれいに洗われて清潔だ。物たちがあるべきところにきちんと収まっている。わたしの雑然とした部屋とはまるで違う。

「本当にはなちゃんはきれい好きだよねえ、ハッピーもピカピカなわんこだもんねえ」といつも感心してしまうのだ。ハッピーのフィラリアの予防薬、ワクチン接種、そういったことにおいても、常にきちんとしている。

「それでよー、ハッピーがよー、こないだもこんなことがあってよー」。はなちゃんの言葉の末尾には「よー」が多い。一方、「あのよー、まきちゃんね、それでよー」と時折、「ね」が語尾につくこともある。彼独特の言い回しである「よー」と「ね」がなんの違和感もなく響くようになったころ、わたしはすっかりはなちゃんと仲良しになっていた。大学の恩師や、国際ＮＧＯのＩＦＡＷ（国際動物福祉基金）のイギリスオフィスから来日し

（上・中）隅田川テラスに暮らすはなちゃんとハッピー。
（下）はなちゃんと隅田川の犬たち。撮影：坪谷英紀

た女性獣医師、ミュージシャン、たくさんの獣医や大学生たち、さまざまな友達が、彼のテントを訪れ、ハッピーやほかの野宿仲間たちと交流を持ってきた。いつも無遠慮に訪れるわたしや仲間たちを、しっぽをちぎれんばかりにふって歓迎してくれるハッピー。礼儀正しく椅子を勧め、ビールを勧め、おつまみを準備してくれるはなちゃん。ほっとする、やさしい時間だ。

彼自身は自分のことをあまり語らないし、わたしのこともあまり聞かない。だからいっしょにいてとても楽だ。そのうち、何かの折に、江戸っ子気質の彼が、実は青森出身であることを知った。手先の器用なはなちゃんは、東京に出てきてから、ミシンを使ったりする衣料関係の工場で働いていたり、また建築現場でも細かい作業を担当してきた。日雇いが多かったそうだ。今も彼は生活保護を取らないで、たまにある「公園などの清掃」の仕事に出かけている。「もっと仕事がしたい」というはなちゃん。六十歳代になって持病もあるのに、早起きして短時間の仕事に出かける。そんなお父さんを見送るハッピー。

わたしはときどき自分を抱えきれなくなるというか、自分自身の人生に行きづまりそうになることがある。そんなときは、はなちゃんのテントの前で、ぼうっと隅田川を眺めることにしている。それが、単純に心地よいのだ。彼は、そういうときもわたしに何も聞かない。隅田川のほとりに二人と一匹で座って、ただ黙ってお酒を飲む。イギリスの獣医師ジェイムズ・ヘリオットの本にこんなくだりがあった。

「何も話さなくていい。すべてわかっているから」。そんな感じ。

はなちゃんを始め、隅田川の野宿仲間とおつき合いするようになり、花火大会には、少し苦手意識を持つようになった。「隅田川花火大会」は、お江戸の夏の風物詩。東京だけでなく全国的に有名な大花火大会である。毎年九十万人以上の観客を動員し、電車は劇的に込み、隅田川近辺は身動きさえ取れない。花火自体にはなんの罪もない。でもこの花火大会のときに、隅田川テラスにテントを張るはなちゃんや野宿仲間たちは、数日間のテント撤去を余儀なくされる。その間どこで暮らせばいいのだろう。そしてテントや荷物を移動するのは、とても労力のいることで、高齢化が進む野宿のおじさんたちには重労働だ。毎年、あの労働を強いられる彼らを思うと、ちょっと隅田川花火大会が恨めしくなったりもする。隅田川に住むハッピーだって、猫たちだって落ち着かないだろう。

わたしは、花火は線香花火が一番好きだ。ちいさくて、潔くて、場所も取らない。今年の夏は、はなちゃんとハッピーと、野宿仲間たちと、線香花火大会を実施しようと思う。

静かに暮らす野宿仲間たちを、隅田川テラスから永遠に追い出そうとする動きはずっと続いている。行政から「一週間後に出ていってほしい」と突然勧告を受けたこともあるという。そのつどテラスに暮らす野宿仲間たち、そして彼らを支援する活動家たちは、団結して集まり、強制撤去されそうになるテントを守ってきた。しかし今も決して安心できない。さらに、墨田区や台東区では都市再開発も囁かれている。「花のお江戸」から「バビロン東京」への移行の気配は、今も強く感じられる。ちなみに隅田川テラスがいつもきれいなのは、そこに居住する野宿仲間たちが自主的に掃除をしているからなのだ。

大晦日は、はなちゃんのテントに顔を出して仲間たちと皆で飲むのが恒例行事だ。

「来年もまたよろしくおねがいします」

「来年もまた無事で、一年を過ごせますように」

石油ストーブが静かに燃えていて、ろうそくの光が温かい。ストーブの上に置かれたヤカンがしゅんしゅんと湯気を立てている。ハッピーはスヤスヤと寝息を立てている。外は、月がきれいだ。月の光と、川の向こうにずらりと並ぶ提灯《ちょうちん》の光、屋形船の明かりが隅田川の川面に流れていく。

隅田川から信州へ

野宿の女性と猫の引っ越し

二〇〇五年の十一月半ば。長野はもう冬の気配だった。上田という初めて降りる駅。ローカル線の鉄道はどこか無骨で温かい。きょろきょろとお目当ての人たちを探すと……。

「よく来たねー！」と見慣れた二人の女性の顔。

「久しぶりー！」と叫ぶその一瞬。

最後に会ってからもう二年近い月日が流れたけれど、彼女たちは何も変わっていない。いきいきと空気のなかで息づいている。そこが長野であろうと隅田川テラスであろうと。

ゆうちゃんとMさんとは、隅田川医療相談会に初めてわたしが参加したときに出会って以来の仲間である。四十歳前後の彼女たちとは、同世代ということもあり、なんとなく気が合った。ふさふさしたかわいい猫を大事に抱いて、診察を申し出てくれた春の日曜日。あの日のことを鮮明に覚えている。抱かれていたのは、「ちーちゃん」と呼ばれる若い雄猫。そして、ペットキャリーには、隅田川テラスに捨てられた二匹の子猫たち。日本人はなぜか川のほとりに生きものを捨てる習性があるらしい。ちーは、白い毛皮に茶色い模様のある美男子で、多くの人間たちに動じることなく、くるっとした目でちゃんとわたしと向き合った。見るからに大事にされて健康そうで、そんな彼に猫ワクチンをきゅっと打ち、「かわいいね！」と絶賛したのを思い出す。さらに、二人は子猫たちをペットキャリーからそっと出すと、宝物のように抱いた。ちょっと目ヤニや鼻水があったかもしれない。内服薬を処方した。二匹の子猫は、茶トラの雄と三毛の雌。心もとない、ぽわぽわとした温かいかたまり。まだ生後二ヶ月弱といったところだったろうか。

最初の診察から一ヶ月以上たったゴールデンウィークのころ。ゆうちゃんとMさんから、茶トラの雄猫が亡くなったと連絡があった。その夜、わたしはしんとした気持ちで、彼女たちの隅田川テラスにあるテントを訪れた。

「わざわざ来てくれてありがとうね」

二人はテントから出るなり丁寧に頭を下げた。泣き腫らしたような目をしていた。隅田川は屋形船を乗せてのんびりと流れている。川面に映った柔らかい光を眺めながら、三人並んで座り、ぽつぽつと話をした。

ゆうちゃんとMさんがテントで野宿するまでの暮らしを聞いた。もともと友人同士だった彼女たちが、久々の再会をしたのは二〇〇〇年の九月。仕事で上野を訪れていたゆうちゃんは、デパートの前に座り込んでいるＭさんを見つける。「どうしてこんなところにＭがいるの？」と、ゆうちゃんは最初、不思議に思ったという。Ｍさんは埼玉で幸せな結婚をしていたはずだった。三人の子供もいるはずだった。一人ぼっちのＭさんに、ゆうちゃんは声をかける。再会を喜び合ったあと、彼女から意外な事情を聞いた。

Ｍさんは、ご主人と子供と、住み込みの仕事などを求めて転々と放浪生活をしていたのだった。埼玉では、新聞配達の住み込みの仕事をしていたが続かず、一家でヒッチハイクを敢行するなか、通報により子供たちは児童相談所に保護された。ご主人とＭさんは相談所から二千円を受け取り、なんとか上野まで出てきて公園で野宿するものの、三日後にご主人は蒸発してしまったという。食べるものもないＭさんのために、ゆうちゃんはそれから彼女の寝場所と食料の確保に努めるようになったのだった。Ｍさんのご主人は、二週間後に再び姿を現し、茨城の工場に就職をする。だが、彼についていったＭさんからゆうちゃんにＳＯＳがあったのは、それからわずか半年後だった。またしても彼は蒸発し、工場の寮からＭさんは追い出されることになったのだ。

ゆうちゃんはＭさんをなんとかしなくてはと決意を固める。陽気で人懐こいゆうちゃんは、北海道で生まれ育ち、中学を出たあとは東京で仕事を続けていた。一人娘も授かった。仕事をしながら子育てを一人でがんばっていたが、最愛の娘さんは八歳のときに交通事故で命を落とす。その後は、複数の友達とルームシェアしながら、とにかく働き続けてきた。飲み屋の手伝いや、工場の仕事などで稼いだ。そんなゆうちゃんが、行き場を失ったMさんを丸抱えすることは、彼女自身の生活も必然的に変えなくてはいけないことを意味した。Mさんは当時、事故の後遺症で足を悪くしており、働くことは困難だった。ゆうちゃんが、二人分の生活費を稼がなくてはいけない。ゆうちゃんの、当時のルームメイトに申し訳なくなり、部屋を出ることになった。

ゆうちゃんとMさんが完全に野宿生活になったのは、二〇〇二年の十一月。ファミリーレストランなどで夜を明かしながら、二人で励まし合って生き抜いた。だが、お金は続かない。二〇〇三年二月。浅草でのダンボールで眠る生活をやめて、隅田川テラスにテントを張った。

人は皆、誰もが自分だけのストーリーを持っている。二人の女性の話はとても切なかったが、どんな困難に陥っても生きようとする力強い生命力が感じられた。Mさんがかわいい子供たちの写真を見せてくれた。おめかしをしてあどけない女の子たちは、彼女に似ていた。「埼玉の児童福祉施設に、今はいるの」とMさん。どうかこのファミリーが再会して、またいっしょに暮らせますようにと願った。ちーはかたわらで丸くなっていた。

二人のテントを訪れてから半月後。木々が青々と葉を伸ばして空を仰いでいる。少し動くと汗ばむような陽気だ。ちーはそろそろお年ごろなので、去勢手術を頼まれていた。とても信用しているベテランの動物看護師のあきちゃんといっしょに、彼女たちのテントを訪れた。わたしは、実は手術がとても苦手だ。緊張で手は震えるし、何より不器用だ。一方、あきちゃんはとても手際がよい。彼女といっしょならと、テント手術に踏みきった。ヘッドランプをおでこにつけて、ちゃぶ台の上にちーを載せ、去勢手術をした。あきちゃんが「大丈夫、大丈夫」と隣できちんとフォローしてくれるから毎回安心である。

手術が終わり、ちーが麻酔から覚めるのを確認すると、二人が食事をつくってくれた。ラーメンや野菜がふわりと湯気を立てている。ダンボールの特等席で、近隣の野宿仲間たちも集まってにぎやかだった。春の暖かい風のなかで、ありがたくごちそうになった。

それからしばらくすると彼女たちは、ちーを連れて東京を離れることを決めた。Mさんの親類が古いアパートの一室を貸してくれることになったのだ。行き先は、長野県上田市。ちいさかった雌のやんちゃな三毛猫ピッピは、わたしの友人の紹介で里親が決まった。長野へ旅立つ当日、二人を見送りながらいろいろなことを思った。元気でね、という言葉が重かった。これから二人とちーがどうなるのか、正直不安な気持ちにもなっていた。

長野から、二人はよくわたしに携帯メールや手紙をくれた。「ちーは、元気です」。メッセージの最後には、必ずこの一文が記されている。彼女たちがアパートでちーと元気で暮らしていることは、わたしにとってとても大きな励みだった。二年近い年月が経過し、ようやく彼女たちの新しい長野ライフに接する機会を得た。

電車を乗り継いで到着した初めての駅。夕暮れ時で、なんとなくしんみりしていた。やっと来られたな、と思った。再会した彼女たち、一回り大きくなったちー、そして彼女たちが新たに保護した猫たち。きれいに整えられた質素なアパートの一室で、わたしは本当に幸せなお酒をごちそうになった。彼女たちの仕事場のスナックでも極上待遇で飲んだ。ポカポカに温かいふとんで、ちーを抱いて寝た。次の日は、はしゃぎながら、上田の名所を回って記念撮影をした。少し斜めの日差しのなかで、紅葉した木々が風を受けてキラキラと光り、池の水面がそれをキャッチした。彼女たちと初めて出会った隅田川から、こんなに遠くまで、彼女たちもちーも旅をして、今いっしょに秋の長野で笑っている。透き通った空気が彼女たちをとても静かに包容しているようだった。

わたしが上田を訪れてから四ヶ月がたち、そろそろ桜の咲くころ。ゆうちゃんとMさんが隅田川医療相談会に元気な顔を見せにきてくれた。皆が拍手をして喜んだ。「えーと、今、定時制高校に通っています！」とMさん。彼女は勉強を再スタートした。それもらゃんと目的を持って。あの上田の秋の日、彼女は私にそっと告げた。

「動物の看護師さんになりたいんだよね」

心の底からがんばってほしいと思った。いつかいっしょに、捨てられた犬や猫で苦労している野宿のおじさんたちのところに往診にいきましょう。でも、数学を聞いてくるのは卒業してほしい。もう数学なんてわからないから、けっこう焦るんです、わたし。

いろんな風が吹くもので、ゆうちゃんもMさんも決して楽な暮らしをしてはいない。彼女たちからの携帯メールを読んで、ヤキモキすることもある。二人も頼りないわたしに対してそう思っているかもしれない。でも、あの隅田川のほとりで感じた生きものとしての底力、それを信じたい。

「輪」からつながる「和」

荒川医療相談会

それまで自分にとってなじみのある〝東京〟とは、都心から八王子方面に延びていく中央線に沿ったエリアがほとんどだった。適度に緑があって、音楽や絵画などに独特の文化があって、サブカルチャー的な飲み屋が多くて、街と巣が融合しているような感覚が居心地よく感じられた。

東京の東部地区、たとえば隅田川や荒川のある台東区、足立区、墨田区……といった地域には足を運ぶ機会があまりなかった。隅田川のほとりと荒川の河川敷、そしてその界隈である「もうひとつの、否、もしかして本当の東京」にせっせと足を運ぶことになったのは、まさに野宿仲間と動物たちとのご縁のおかげである。Oさんとウサギたちがつないでくれた見えない糸で、荒川医療相談会に参加するようになって、わたしは第一日曜日も待ち遠しくなった。ここには、第三日曜日の隅田川医療相談会ともまた趣の違う風がびゅうびゅうと吹いているのである。

荒川医療相談会は「足立野宿者支援の会・さくら」が中心となって、毎月第一日曜日に荒川の河川敷で行っている野宿仲間のための炊き出しと医療・生活相談である。北千住駅を出て、にぎわう駅前を通り過ぎ、日光街道と並走する宿場町通り商店街をずっと歩いて荒川を目指す。この商店街はなかなか味がある。古い団子屋や服屋がぽつぽつとあり、ついついお店に見入ってしまう。そのうち、ドラマ「3年B組金八先生」の舞台になった荒川土手が見えてくる。それを越えると河川敷だ。

広い河原である。野球やサッカーができるスペースや、憩いの広場がちょっとあったりもするけれど、河原のほとんどはうっそうとした緑に覆われ、丈の長い草たちが元気に繁《はん》茂《も》している。多くの野鳥が観察できるスポットであると鳥好きの友人から聞いたことがあったし、医療相談に来る仲間たちから「タヌキが出た」「ハクビシンがいる」などの報告も受けている。まだまだ野生が残っている、そんな場所だ。

三十名ほどの野宿仲間たちが、ブルーシートの上でおいしそうに炊き出し用のカレーライスを食べている。談笑しながら、日の光を浴びながら。大きな鍋からカレーをよそうボランティアのスタッフたち。笑顔で冗談を言い合いながら、作業が進んでいく。一見、どこからどう見ても平和で、幸せそう。まるで休日のピクニック風景のようだ。初めてこの医療相談会に参加したとき、わたしはこの光景に違和感すら覚えたものだ。それまでわたしが実際に、あるいは報道などで見てきた炊き出しの光景はちょっと悲しげなイメージとして脳裏に焼きついていたからだ。野宿のおじさんたちが長蛇の列をつくり、ボランティアの人たちに配給されるごはんを延々と順番待ちしている。交わされる言葉もほとんどなく、野宿のおじさんたちの背中はどこか遠慮がちに丸まっている……。そんな印象を持ち続けていた。

「ここのカレーライスは世界一おいしいんだ」とある野宿仲間がうれしそうに言っていた。

このカレーライスから荒川医療相談会はスタートする。カレーライスを食べ終わった仲間たちやスタッフ陣は、月に一回の再会を喜び、語り合っている。医療相談会の取りまとめ役である女帝、いえ保健師の榊原さんが、忙しそうにメモ帳を持って野宿仲間の間を飛び回っている。一ヶ月という時間のなかではいろいろなことが起きるものだ。話題はつきないのである。

「なかの先生、今日は早いね！」

ニコニコしながら、野宿のTさんが折りたたみの椅子を持って歩み寄ってくる。

「お茶、持ってきますね。どうぞ、この椅子に座ってください」

Ｔさんとは二〇〇五年の春から、荒川医療相談会を通じてのつき合いである。のら猫を三匹保護しており、不妊手術も早急に済ませてくれた。河川敷のテントで暮らしているが、いつも穏やかできわめて紳士的な人だ。

「また、猫を誰かが捨てていったんですよね。それが雌みたいなんです。不妊手術をお願いしたいのですが」

急いでメモ帳を取り出す。「Ｔさん、雌猫一匹、不妊手術、早急」と殴り書きをする。

「ごはん代だけでも大変なのにね。Ｔさん本当にお疲れさま」

心からの言葉である。

Ｔさんに続いて、今度は常連のＲさんが現れる。クリスチャンのＲさんは、いつも大事そうに聖書を持っている。

「すみません。猫の抗生物質がほしいのですが、お金がないのです。分けていただけないでしょうか？」

Ｒさんも丁寧な物腰の人だ。ＲさんもＴさんと同じく、荒川医療相談会で動物相談を始めてからずっとつき合っている古株さんなのだが、彼は七匹の捨て猫の世話をしている。

すべての不妊手術を終えたあとも、猫たちの健康管理に余念がない。出会った当初は、一生懸命稼いだお金で、動物病院に抗生物質を買いにいっていた。その動物病院も相当安く薬を渡していたが、それでもそのお金は彼の何日分かの生活費なのだった。

「はい、いろいろ持ってきています。具合悪いのは、どの子でしたっけ?」

Tさんと Rさんと話していると、後ろに動物の気配。

「あ、モモちゃんだ!」

遠藤モモ。荒川医療相談会のアイドル的存在の犬である。モモは、シェパードのような顔つきをした若い雌の中型犬で、荒川河川敷に暮らす遠藤さん夫妻の娘のような存在だ。保護された子犬のころは甘えん坊の今にも泣き出しそうな顔をしていたのに、今ではすっかり大人っぽくなり、風をきって駆けたり歩いたりしている。月一回のこの医療相談会に、遠藤さん夫妻は必ずモモを連れて現れるのだった。

「こら、モモ! 先生に挨拶しなさい!」

モモのお父さん、遠藤パパが怒っても、モモはわたしと目を合わせないように、さっと逃げていく。今までワクチン注射やら何やらと、いやがることばかりしてきたわたしに対し、記憶力のよいモモはいつも距離を置くように努めている。ほかの野宿仲間たちをひや

（上・中）荒川医療相談会の人気者モモちゃんと遠藤さん夫妻。
（下）荒川医療名物「歌の宴」。

かしたり、医療相談会のなかを縦横無尽に歩き回ったりするが、結局モモがくつろげるのは、遠藤さん夫妻の間である。二人の間にちょこんと座り、目を細めている。その姿はまるで、遠藤さんたちの実の娘のようだ。

一服しながら周囲を見渡すと、なぜか目をつむってじっと座っている男性がいる。荒川医療相談会の唯一の人間を診る医師、H先生である。H先生は、風の噂では精神科医として相当な名医らしいが、ここでは、野宿仲間たちともざっくばらんに談笑して、ときどきチャウチャウのように横たわったりもしている。そのかたわらでは、鍼灸師のU先生が茶色い声を上げながら、仲間が連れてきた子猫を抱いて離さない。平和な午後である。

「おーい、食べ終わったあとの食器はこっちだよー！」

野太い声を上げてカレーライスの容器を洗う指示をしているのは、ガタイのいい丸刈りの男性、長谷川さんだ。てきぱきと体を動かしながら仲間たちと話し込んだりしている。

不意に「こんにちはー！」と華やかな女性の声が響いてくる。

「皆さん、元気ですかー！」

かわいらしい装いをした、つややかな女性が二人。ここから始まるのが、荒川医療相談会恒例の「歌の宴」である。音楽療法士のりえこちゃんとたえちゃんのコンビが「皆でいっしょに歌いましょう」と、歌詞が書かれた紙を全員に配る。アコーディオンを演奏するりえこちゃん、音頭を取るたえちゃん。全員で歌詞を見ながらそれぞれの調子で歌う。歌は毎回違う。「上を向いて歩こう」だったり、水戸黄門のテーマ曲「ああ人生に涙あり」だったり、「故郷《ふるさと》」だったり。一度は耳にしたことのあるなじみの深い歌ばかりだ。

歌の宴が終わると、参加者全員の「近況報告」が始まる。くまのプーさんのようにおっとりとした大柄な貴島さんという男性ボランティアが、ゆっくりと司会を務める。一人ずつ、順番にマイクが渡され、皆が輪になって最近の自分の動向や思うことなどを自由に語る。「仕事が決まりました！」という仲間がいれば皆で拍手喝采し、「明日誕生日なんです」とおずおず申告する仲間がいれば、ハッピーバースデイを大合唱する。笑顔、笑顔、笑顔の連続。そして、「また来月会いましょう」と手をふり、ふり返しながら、それぞれの場所に帰っていく。

円陣を組んで、歓談し、歌を歌って、和む。ここには支援する、されるという区別がない。医療者もボランティアスタッフも、野宿の仲間も、犬も猫も、まるでそれが一つのハーモニーかのように、渾然一体となっている。

荒川医療相談会は、二〇〇二年、看護師である佐藤さん、保健師の榊原さん、精神科医のH先生、かつて河川敷で野宿生活を経験してきた貴島さんが共に立ち上げた。数名のカトリック教会のシスターたちの協力も得て、手づくりのごはんと、シスターたちによる歌やゲーム。現在の医療相談会は、このスタイルを崩さず保ち続けている。佐藤さんは医療相談会だけではなく、時間を見つけては荒川の河川敷を血圧計を持ってパトロールしていたが、病に倒れ、この世を去った。

佐藤さんの遺志を引き継いで、医療相談会とパトロールは今も継続されている。

「世界一おいしいカレーライス」は、榊原さんと看護師の解良《けら》さんによるものだ。準備は前日から始まる。食材の下ごしらえだけでも大変な作業だ。お米は五十人分を何回にも分けて炊く。家庭と仕事を持つ二人の女性が毎月この作業を黙々とこなしている。

「せめてここでは、おいしい家庭の味をおなかいっぱい食べてほしいの」

榊原さんは屈託ない笑顔でそう話す。ごはんについては手を抜きたくない、と。荒川の女帝は、実はとてもやさしいのだ。

荒川医療相談会で感じるのは、大きな「和」だ。あの円陣の「輪」が、平《たい》らかな「和」につながっている。「ここからいっしょにやっていこう」という意識で、ボランティアスタッフも野宿仲間も犬も猫も、皆が温かな友情で結ばれている。

そしてこの相談会で気づいた大切なこと。それは、皆がお互いに「個人名」で呼び合うことだった。「ホームレスの人」「ホームレスが飼っている犬」ではなく一人、一匹、皆が持っている名前をきちんと呼べること。「長谷川さん」「遠藤さん」「Tさん」「Rさん」「モモちゃん」……、間違わずに呼べることが浸透している集まりなのだ。わたしはここで、名前の大きさを知った。

名前というのは、この社会のなかで大事なアイデンティティであることが、今さら染みる。肩書というものに翻弄されてばかりで、日ごろはそんなことに気づかない。名前を呼び合える荒川医療相談会はとても貴重なのだと思う。

しかし現実は厳しい。数百名単位で行われる野宿者支援活動や炊き出しなどの現場で、どこまで各個人の名前や情報をインプットできるのか。ボランティアスタッフがどんなに努力をしても、皆の顔と名前を瞬時に識別できる数ではない。それだけ野宿仲間が多いことが悲しい。

名前と「その人」「その犬」「その猫」の背後には、それぞれにかけがえのない歴史がある。「ホームレス」というその一言で、どうかくくらないでほしい。全員が、生まれたときにはピカピカの赤ん坊で、誰もが皆に祝福されてこの世に誕生してきたのだから。

井上さんとイノウエくん

山谷の夏祭りの出来事

そういえば、初めて山谷の名前を知ったのは、岡林信康さんの歌「山谷ブルース」だった。まだ二十歳前後のころ、友人がダビングしてくれたカセットテープに入っていた。そのころ、わたしはこの歌が苦手だった。悲しげなメロディと歌詞に、気分が落ちるような気がした。むしろ、岡林さんが「はっぴいえんど」(大ファンです)というバンドといっしょに歌っている「申し訳ないが気分がいい」「つばめ」などのふっきれた感じの長調の歌がお気に入りだった。その岡林さんが四十年ぐらい前に(わたしが生まれたころ)、この「山谷ブルース」を山谷の玉姫公園で歌っていたことを知った。

今日の仕事は　つらかった
あとは焼酎を　あおるだけ
どうせ　どうせ　山谷のドヤ住まい
ほかにやること　ありゃしねえ

(山谷ブルース)

玉姫公園で毎年行われる山谷の夏祭りは、山谷のドヤや路上を寝床とする労働者たちを労うお祭りだ。そもそもの始まりは、かつて山谷に仕事がたくさんあり、多くの労働者がまだ若く現役でバリバリ働いていたころ。お盆で仕事が休みになると、帰る故郷のない日雇いの仲間たちは皆、山谷に帰ってきた。そこで、山谷を故郷として帰ってくる仲間が共に親睦を深め、仕事から帰ってきた仲間が仕事にあぶれて路上で寝食している仲間を元気づけるため、亡くなった仲間を弔うため、夏祭りを開催するようになったそうだ。

今では多くの仲間が失業して野宿をしていたり生活保護を受けていたりして、活気にあふれたかつての山谷とは状況は変わってしまったが、仲間同士の団結を固め、これからの暮らしや闘いの励みにするべく夏祭りは続けられている。また、二〇〇七年からは主催が実行委員会形式となり、山谷に縁のあるさまざまな個人や団体、上野、浅草、隅田川、荒川など各地で野宿する仲間たちが新たに出会い、交流を深め、協働する場にもなっている。（山谷労働者福祉会館　ホームページ参考）

お祭りは、八月の上旬。夕方からスタートするのだが、準備は炎天下の昼間から始まる。たくさんの野宿仲間がこの日を楽しみに集うため、山谷にかかわる活動家たちやボランティアスタッフ、そして山谷の日雇い労働者たちや野宿仲間たち皆が、汗びっしょりになって日焼けしながら、ステージを用意したり、屋台の準備をしたりする。強い日差しのなか、大音響でレゲエをかけながらせっせと労働している仲間、タオルを首にかけて、何やら重たい荷物を一生懸命に運んでいる仲間。

このお祭りに初めて参加したときのこと。自分も何かしなくてはいけないのでは……と近くにいる仲間に声をかけた。「氷、買ってきてもらえる?」と、台車とお金を渡された。近くの製氷所にガラガラと台車を押していく。「ごくろうさま」とおばちゃんがお店から出てくる。待つこと少し。

「なんだ、この氷の量は!」

わたしの体より大きいのではないかと思われる、巨大な氷のお城が登場したのだ。玉姫公園に戻ってすぐその理由がわかった。夏祭りでは、手づくりの焼酎お茶割りや麦茶などが皆に無料でふる舞われる。大きなバケツが何個も用意され、そのなかでドリンクをつくるのである。氷がこんなにいるわけである。

太陽がだんだん低くなってくる。少しずつ、玉姫公園には人が集まってくる。スタッフ全員に準備される「めし(お弁当)」づくりも大忙しだ。屋台の焼きそばもいい匂いをさせている。山谷の仲間だけではなく、歌を歌うミュージシャンや活動家、学生、いろいろな若者たちも集まってくる。皆、とっても楽しそうだ。

公園にはブルーシートが敷かれ、トラックの荷台に用意されるステージ。すっかり暗くなったころには、いつの間にか公園は満員である。毎回、参加者は二百人を超える。そして、大変なお祭り騒ぎ。知っている人も知らない人も共にお酒やお茶を飲みながら、屋台の安くておいしい肴をつまみに、大声で笑い、盛り上がっていく。

「モツ煮込み、五十円だよ〜！」

「缶ビール一本百円だよ！　冷えてるよ！」

ずらりと並んだ活気のある屋台には、老若男女が入り交じり、笑顔が絶えない。

お祭りは、カラオケ大会、ミュージシャンによる演奏と進み、そして最後は盆踊り。

会場には、亡くなった野宿仲間の遺影がたくさん置かれている。この夏祭りには、彼らの魂を弔う意味もあるのだと知った。わたしは子供のころから、一度も盆踊りを踊ったことがなかった。単純に苦手だったからだ（山谷ブルース同様）。けれども、このお祭りで、生まれて初めて踊った。というか踊り方がわからないので、見よう見まねで、もたもたとただが、なぜか自然と踊りの輪に入った。盆踊りとはもともと仏教行事であり、死者の霊を慰めるものであるということを、山谷で体感したのだ。路上で亡くなっていった多くの野宿仲間たちの魂も、この踊りの輪のなかに漂っているような気がした。

一度目に参加した夏祭りでの思い出は、酔っ払ってステージから転んで落ちた仲間のこと。びっくりして、思わずその仲間の元に走った。「うるせえ」と言ったままのびた彼を起こそうとしたら彼のポケットから古い文庫本がパタンと落ちた。拾い上げたら、それは、フランツ・カフカの『変身』だった。そっと本を彼のポケットに戻した。

そして、二度目に参加した夏祭りでの事件は、イノウエくんに出会ったことだ。

山谷の夏祭りでのわたしの楽しみはもうひとつある。井上さんという仲間のところに泊めてもらい、いっしょに飲むことである。井上さんは、山谷でも釜が崎でも日雇いの仕事をしてきて、野宿生活も経験したが、現在はアパートで暮らしている。井上さんのアパートには、いろいろな人たちが宿泊する。活動家、演劇の劇団員、音楽家など。井上さんは、昔どこかのお寺でみた〝羅漢《らかん》像〟に似ている。羅漢さんとは、もともとは仏教において人々の尊敬を集める聖者であり、欲もなく、無にも有にも執着しないといわれる。だが、多くの日本人に親しまれる羅漢像は、どこか人間くさく、どれも素朴で表情豊かだ。全国各地に五百羅漢像がたたずむお寺があるが、豪快に笑っている羅漢さん、頭をかいている羅漢さん、寝ぼけたような顔をした羅漢さんなど、誰かを思い出して懐かしくなるような温かな風情をたたえている。巨体をゆすってにこにこしながら、子供たちと遊ぶ井上さんは「まさに羅漢さん！　阿羅漢！」という感じで、誰にも警戒心を抱かせることはない。……と、わたしは思っていたのだけれど、いつぞや井上さんに聞いた話。

「アパートの隣に女の人が引っ越してきたんだけど、挨拶したら、数日後に出てっちゃった。俺のことが怖かったのかなあ」

井上さんはちょっと悲しそうだった。この世には、不思議なことがあるものだ。

とにかく参加二度目の夏祭り。祭りが終盤にさしかかってきたころ、野宿仲間の一人から「ちょっと、ちょっと」と呼ばれた。「はーい」とコップ酒を片手についていくと、目の前に現れたのは、ウサギを抱えたもう一人の野宿仲間。

「捨てられてた！　拾った！」とあわてて言う。状況がよくつかめなかったのだが、夏祭り会場の近くに、ウサギが一匹だけ捨てられて放置されていたらしい。その仲間は、路頭に迷っていたウサギを放っておけなかったのだ。

なんとかしなくてはと、ウサギを抱き上げて会場まで連れてきてくれたのだ。

そのウサギはすでに成獣だったが、小柄で丸かった。白い毛並みのなかにぽつぽつと濃いグレーの模様が無造作に散らばっている。大きくて丸い目が見開かれている。怖いのだな、と思った。祭りの大騒ぎが怖くてじっとしているのだ。すぐ、別の仲間がダンボール箱を取りにいき、組み立ててくれた。そっとなかに入れても、微動だにしない。

「とにかく預かります」と、とっさに言ってしまった。シマッタ。

必然的に、ウサギとわたしは井上さん宅に移動することになる。道中、祭りに参加していたいっちゃんという小学生の男の子が、ウサギ箱を持ってくれた。いっちゃんは、一生懸命ウサギに話しかけてくれていた。井上さんは、ビールやおつまみを用意しながら、ウサギの箱にニンジンやキャベツをそっと入れてくれた。

「このウサギ、かわいいね。かわいいけど、ちょっと耳が短くないかな？」

心配そうに井上さんはつぶやいた。確かに少し、一般的なウサギより耳は短い。それがまたチャーミングだなと思う。

翌朝、ちょっとだけキャベツがかじってあったけれど、食欲がないのだろうか、昨夜のままの姿勢で動かない。「なんてじっとしているウサギなんだろう」と感嘆しながら、自分のアパートに連れ帰った。里親を探そう、という気持ちは一ヶ月もしないうちに消えてしまった。名前はイノウエくん。夏祭りの一夜、宿を提供してくれた井上さんから取った名だ。イノウエくんは、今やわたしの大事な家族になっている。

（上）山谷の仲間たち。右から二番目が井上さん。
（中）山谷の夏祭りの風景。
（下）なかのさんの家族となったウサギのイノウエくん。

イノウエくんの「じっとしている」伝説は、だいぶ薄らいだ。部屋に放していたら、携帯電話の充電コードを二回もばらばらにされた。わたしが朝起きないと、水入れの容器をカンカン鳴らしながら、ケージの扉をガタガタ揺らして起こす。ニンジンやキャベツなどウサギが好きそうな野菜類は大嫌いだということもわかった。ラビットフードをけちって安価なものをあげると、静かに怒っている。人をかじることは絶対にないが、洋服はかじってボロボロにする。抱っこは嫌いだが、なでられるのは大好きだ。ジャズをかけると、目を細くする。なかでも、マイルス・デイヴィスがお気に入りだ。

イノウエくんと出会った次の年の夏祭り。井上さんとビールを酌み交わしていると、ウサギの名前を聞かれた。「イノウエくんになったよ」と答えたら、「えっ！　そうなの？いっちゃんがきいたら、ショック受けちゃうよ……」と井上さんは困ったような、でも少しうれしそうな顔をしてくれた。やっぱり羅漢さんみたいだ。

「山谷ブルース」は、岡林さんの「わたしを断罪せよ」というアルバムに入っているのだが、二十年を経てもう一度このアルバムを聞くと、当時とはまったく違う耳で聞いている自分がいる。温かくて、人情家で、ちょっとお酒が過ぎるときもあるけれど、働き者の山谷のおじさんたち。彼らを思いながら、後半の歌詞をもう一度聞き直す。

人は山谷を　悪くいう
だけど俺たち　いなくなりゃ
ビルも　ビルも　道路もできゃしねえ
誰もわかっちゃ　くれねえか

だけど俺たちゃ　泣かないぜ
はたらく俺たちの　世の中が
きっと　きっと　くるさそのうちに
その日にゃ泣こうぜ　うれし泣き

夏祭りで大笑いをしていた皆の顔が脳裏にちらついた。

·Column·

犬が苦手！の名ドライバー

隅田川でも荒川でも、里親さんの元や、あるいは手術のために動物病院に搬送するのは案外大仕事だ。汗だくで電車を乗り継いで運ぶこともあるのだが、一〇キロをゆうに超える犬たちを数匹運ぶなんてことになると、公共の乗りものにはとても頼ることはできない。そんな時によくドライバーを引き受けてくれたのは、〝みっちゃん〟。隅田川医療相談会で出会った彼は、山谷の野宿仲間の支援活動にいつも忙しそうに働いている三十歳代の男性だ。

「みっちゃん、またまたごめんね、横浜まで犬を四匹運びたいんです……」

「いいですよ、車と自分の仕事の都合がつけば」と、いつも快諾してくれるみっちゃんである。しかし、二回目に犬運びをお願いしたときに、わたしはあることに気づいてしまった。安全・安心運転で地理感覚もとてもいいみっちゃんが、運転しながらどこか不安そうなのである。

「あの、実は、犬、苦手なんです……」

みっちゃんの一言を聞いて、一瞬ぽかんとしてしまった。思い起こせば、犬たちをトラックに積むときにも、「この犬たち、噛まない？」とおずおずと聞いていたっけ。ごめんなさい、犬が苦手なのに毎回運搬を引き受けてくれて……。「ありがとう、みっちゃん」と心のなかで感謝した。

みっちゃんは宮城県に生まれ育ち、専門学校では塗装を勉強したのだという。ペンキ屋に就職したこともあったが辞めて、それからは関東から東海地方の建築現場を回るようになる。その多くが期間限定の泊り込みの仕事だ。宿泊費も食費も雑費も賃金から引かれる。ひどい現場だと、工具や軍手のような仕事に必要なものが法外な値段で差し引かれたりもする。彼の場合も例外ではなく、天引きされて日給四千円がもらえればいいほうで、ひどい現場だと一日あたりの手取りが二千円未満というありさまだったという。数年間、彼はそんな境遇で粘り強く働いた。現場である山梨県の僻地《へきち》や横浜から、東京まで歩いて帰ったこともある。当然、アパートを借りるようなお金はできない。一年間、隅田川テラスで野宿生活をしながら、仕事を続けた。自分よりも年下の真面目そうなみっちゃんにそんな過去があるとは露とも知らなかった。ハンドルを握る彼の横顔を改めて見ても、相変わらず飄々《ひょうひょう》としている。現在、みっちゃんは山谷の野宿仲間と連携しつつ、便利屋「あうん」で働いて、アパートに部屋を借りて四年以上たつという。

この「あうん」という便利屋が「アジア・ワーカーズ・ネットワーク」の略称であることを最近知った。二〇〇二年に、野宿や失業を余儀なくされた人たちと有志が「一日三食食べられるだけの賃金」をめざして立ち上げた「あうん」は、リサイクルショップ（理念は「ちいさなお店に大きな輪」）から始まった。その後、引っ越しや掃除、遺品整理など、地域に根を張った仕事を展開していく。二〇〇七年には企業組合として法人化され、現在は二十歳代から六十歳代までの約三十名のスタッフが働きながら、ボランティア活動も数多く行っている。動物を運搬する際にトラックやバンを無償で貸してくれたことも多々ある。

トラックの後ろのケージで静かにしている犬たち。

「おとなしい、いい犬たちだね」とつぶやくみっちゃん。

みっちゃんは、犬たちに慣れてくれただろうか。

動物を運ぶ、という作業だけでも、たくさんの人たちにお世話になっている。動物が苦手という仲間も、ここでは温かな協力者なのである。

第2章 Love me tender

大阪・釜が崎の自由と不公平

川から海へ

全国地域・寄せ場交流会

野宿仲間の家族動物たちとおつき合いするようになって、二年の月日が流れたころ。「野宿問題の全国の集まりみたいなのがあるんだけど、出てみない?」というお誘いを受けた。好奇心も手伝って、二つ返事でOKをした。二〇〇六年の六月下旬、夏至を過ぎたあたりの二日間にその会は行われた。

「全国地域・寄せ場《よ　ば》交流会」は当時で二十三回を迎えていた。寄せ場とは、日雇い労働の求人業者と求職者が多数集まる場所のことで、寄り場ともいう。

この会は全国津々浦々で野宿仲間の問題に取り組む活動家や支援者たち、そして実際野宿をしている仲間たちが一斉に集う、年に一度の大きな交流会である。二日間の日程のなか、全体会議では北海道から九州まで野宿者支援活動を行っている全国各地からの報告がなされ、またテーマ別に分かれてのディスカッションも行われる。そして夜は野宿問題に関する記録映画の上映やパフォーマンスも含め、にぎやかに〝交流〟会が催されるのである。この会はまさに全国規模なのだが、開催場所は関東、中部、関西など毎年変わる。

第二十三回目となる寄せ場交流会の会場は、神奈川県の三浦海岸の近く。よく晴れた日で、京急電車に一人のんびり揺られて、最寄り駅までピクニック気分で向かった。

会場は宿泊もできる大きな施設で、小学生のときの登山合宿などで使った少年自然の家によく似ていた。ただし、そこに集まって挨拶を交わしているのはボーイスカウトの少年たちではなく、くわえタバコもよくお似合いの渋いオトナの方々だった。遠くは北海道や九州から集まってくる彼らは、普段は実際に会うことなんてないのだろう、懐かしそうに握手をして、談笑している。受付を済ませてキョロキョロしていると、知った顔が向こうにちらほら。隅田川医療相談会の面々や、山谷で支援活動を行う仲間たちだ。その瞬間、なんだかとてもほっとして、飼い主を見つけた犬のように飛んでいった。

この寄せ場交流会には、難しい講義などほとんどない。現実に起こっている問題や、各地の活動や課題の報告などが中心だ。そして何より交流が大切にされている。全国各地で問題に取り組んでいる活動家や当事者が出会い、腹を割って意見交換し、そしてお互いに連携しながら、今後につながっていくようなネットワークを構築していくことが自然体でできるきっかけにもなっている。参加者全員が集まる全体会では、体育館のような大きな会場で、皆で懐かしの体育座りをして真剣に各演者の話を聞いている。わたしが初めて参加した寄せ場交流会の司会は、オリジンさんという横浜の寿町を中心に野宿問題に取り組んできた活動家だったが、笑いも取ったりする進行で、皆を飽きさせない。それにしても参加者の数には驚いた。二百人以上はいただろうか。年齢も立場も服装も雰囲気もてんでんバラバラの人たちが、みっちりと同じ空間にいる。部屋の壁沿いには、野宿や労働、差別問題に関するさまざまな資料や冊子や本、Tシャツ、グッズなどが並べられた出展&出店がある。会場全体が静かな熱気を帯びていた。

全体会のあとはテーマ別に分かれて話し合う「分科会」が開催される。「住居や生活支援」「襲撃・排除・追い出し」「生活保護」「仕事づくり」「医療」「ジェンダー、外国人」「子供」「フリーター、非正規雇用」など十を超えるテーマがあり、わたしは「医療」の分科会に参加した。全国のさまざまな地域で野宿仲間の医療に取り組む人々が、現場での医療体制の問題点や課題を順番に語っていく。わたしも、隅田川医療相談会と荒川医療相談会のことをぽつぽつと説明し、そして野宿仲間の家族動物たちのことを話した。野宿仲間たちが暮らしている動物たちの診察をしていること、彼らは動物をとても大事にしていること、テントの横に捨てられる犬猫が絶えないこと、不妊去勢手術の大切さなど……。

本当は「この場で動物のことを話していいのだろうか……」という思いがあった。この医療分科会での各報告には、わたしの想像を絶する、壮絶で聞いていて胸が痛くなるような話がたくさんあるのだ。路上で倒れ、病院に運ばれても十分な医療が受けられない野宿仲間。アルコールに心身を蝕《むしば》まれて、心配する医師の手すらふりほどいて絶命していく野宿仲間。それでも、彼らの医療に携わる医師や看護師、社会福祉士、新聞記者など、いろいろな人たちが全国各地でそれぞれの立場で精一杯の取り組みを行っている。だから、「動物と暮らす野宿者というのは安寧《あんねい》に見られないだろうか」という不安があったのだ。しかし、それは取り越し苦労だった。長年、野宿仲間と真剣につき合ってきた彼らは、動物たちと暮らす野宿仲間に温かい理解を示していた。「こっちのほうの河原でも犬と暮らしているおじさんがいてね、おじさんが倒れちゃったときに、犬をどうしようって話が持ち上がったりしたの」と話してくれた内科の医師。「どんどん捨てられる犬や猫を見捨てられないんだよねえ」「飼っている動物が増えて困ることも多いだろうにね」と、参加者の反応はとてもやさしかった。やむにやまれず動物を抱え込んでいる野宿仲間や、動物を我が子のようにかわいがっている野宿仲間は、全国津々浦々にいるのだということも知った。そして、彼らはその事実をしっかりと受け止めたうえで、課題として見ていた。

分科会終了後は、外の気持ちいい風に吹かれながら、皆で野外での共同炊事。やがてにぎやかな懇親会へと移行していった。近くの海に散策へいく人たち、楽しげにプチスポーツ大会を繰り広げる人たち。夜が更けたころには、わたしも初めて出会った人たちと交流を〝実践〟できるぐらいリラックスしていた。外に出ると、「すっごく気持ちいいよ、海！」ときゃあきゃあと黄色い声やこげ茶色の声（？）を発して幸せそうな人たち。隅田川と荒川を離れ、今、三浦半島の海辺で野宿問題を思っているのが不思議だった。

ここにいる仲間たちは、川から海へ流れてきたのかな、とふと思った。

普段は全国各地のいろいろな川に住んでいる多種多様な魚たちが一年に一度、七夕のころに海で合流して出会う、そんな印象を今も寄せ場交流会については勝手に持っている。そして、それまで現場の動物と飼い主さんがわたしのなかの野宿問題だったのが、どこかでチャンネルがカチっと変わったのもこの夜だった。「野宿問題というのは、とても大きくて広くて深いのだ」ということに、恥ずかしながらようやく気づいた。自分の野宿問題に関する認識、気持ちの持ちようも、「川から海へ」だったのである。

茫洋とした海に、ちいさな頼りない船でこぎ出した夜だった。舵が取れずに転覆《てんぷく》したらどうしようという怖さよりも、ふらつきながらも進んでいこうという意志が、このときはっきりと勝っていた。

西成公園へ

初めての大阪・釜が崎

二〇〇六年、八月中旬。第二十三回となった全国地域・寄せ場交流会から一ヶ月半がたったころ、わたしは大阪にいた。あまりの暑さに意識朦朧《もうろう》としながらも、ＪＲ大阪環状線の新今宮駅前の路上に立っていた。駅前には「あいりん労働福祉センター」という看板が掲げられた巨大な箱のような古ぼけた施設。「あいりん地区」と名づけられたその一帯は、今も昔も「釜が崎」の名前で呼ばれている日本最大のドヤ街である。日雇い労働をするおじさんたちが当たり前のようにそこかしこにいる街だ。わたしが立っている駅周辺の路上にも、野宿を余儀なくされているおじさんたちが座り込んだり、歩き回ったりしている。「三十六度ぐらいまで気温が上がっているらしいよ」という通りがかりのおじさんの声が耳に入った。日差しが強い日だった。太陽の光が反射して、あたりが白っぽく見える。タオルをかぶって目的の人を待った。

その待ち人が、道路の向こうから陽気に「おーい」と手をふるのが見えた。寄せ場交流会で出会った活動家の山元さんだ。彼は釜が崎に暮らしながら、大阪市内の日雇い労働者や野宿者を支援する活動を熱心に行っている六十歳代の男性で、以前は野宿生活を余儀なくされていた当事者でもある。山元さんは寄せ場交流会のときと変わらず元気がよくて、安全靴の重さもなんのその、スタスタと颯爽と横断歩道を渡ってきた。

「久しぶり！　元気そうやね！　でも大阪は暑いやろ」とにこにこしながら山元さん。何をしゃべっていいのかわからず、「あ、どうも！」と、とりあえず頭を下げるわたし。

「じゃあ、西成公園まで、ちょっと歩くけど、行こうか」

わたしが大阪に来た理由は、西成公園に住むカタヤマさんという人物を訪ねることにあった。六月下旬に初めて参加した寄せ場交流会の帰り際に声をかけてきたカタヤマさんは、西成公園に暮らしながら、二匹の犬を世話しているとのことだった。その後、彼は礼儀正しい文章で手紙をくれた。

「フィラリアの薬を購入させていただけませんか？　西成公園にはほかにもたくさんの犬や猫がいます。もしよろしかったら一度公園にいらしてください」という趣旨のお手紙だった。白い便箋に、誤字脱字のない明瞭なボールペン文字で書かれたカタヤマさんの手紙。そういえば、この手紙がわたしたちの文通の、記念すべき最初の一通目だったっけ。

カタヤマさんは携帯電話を所持していないので、山元さんに相談したところ、快くパイプ役を引き受けてくれたのだった。

初の釜が崎には衝撃を受けた。うだる暑さのなか、道路のあちこちに人々が寝転がっている。道端にポンと置かれたラジオから流れる演歌。時折、首輪もリードも着けていない犬たちが道を横切る。「宿泊八百円から。冷暖房完備、テレビあり」などと書かれた看板があるドヤ（簡易宿泊施設）が点々と続く道。所狭しと並ぶ屋台の飲み屋。その前には、たいがい中型の犬がたたずんでいる。

「犬、多いですね」と、西成公園に向かう道中、思わず山元さんにそんなことを言った。

「ああ、いっぱいいるよ。誰かの犬というより、皆で世話している、というほうが近いかな、ここの犬たちは」

山元さんにとってこの風景――犬たちが縦横無尽に道を歩き、駆け、寝そべる光景――は当たり前のことのようで「なんでそんなこと聞くの？」的なニュアンスが感じられた。

「なんか、東南アジアの犬みたいだなあ」

わたしは独り言をつぶやいた。以前旅をしたマレーシアやタイの路上の光景を思い出した。人も犬も特に互いを気にするふうでもなく、すれ違っていく。誰の犬でもないのに、誰からもごはんをもらう犬たち。釜が崎では、一見無関心だけどどこか温かい東南アジアで見た、人と犬の関係が成り立っているように思った。

釜が崎から、長い商店街を西成公園までひたすら歩く。昔ながらの喫茶店や立ち飲み屋、惣菜屋、駄菓子屋、魚屋に肉屋。商店街は活気があり、自転車が遠慮なく走り、「大阪のおばちゃん」たちが買いもの袋を提げてにぎやかに闊歩している。滝のような汗を流して歩きながら、昭和の商店街のような光景に、なんだかとても懐かしい気持ちになる。

商店街を抜けると、目の前に巨大な森が広がる。そして耳に飛び込んできたのは、無数のセミたちの命がけの大合唱。驚きだった。公園というから、いわゆる整備された都市公園を想像していたのだ。ところが、西成公園は野性的な香りがした。公園のなかを通る細い道の両側には、頑丈な有刺鉄線つきのフェンスがものものしく張られている。野宿の仲間たちが、テントを設置するのを防ぐためなのだろうか。入口を入って、右手に遊具のある広場があるが、子供の姿はなく、たくさんのハトたちが暑さからおなかをぺったりと地面につけてじっとしている。左手には大きなグラウンドがある。だが、スポーツをしている人の姿はなく、ここもがらんとしている。進むにつれて、緑の色は鮮やかに濃くなりセミの合唱も次第に大きくなる。もはや人のための公園ではなく、そこに自生する木々や草花、生息する虫や動物たち、遊具こそがこの公園の主《あるじ》のように感じた。それが違和感なく自然に思えた。唯一、張り巡らされた背の高いフェンスだけが異様だった。

そうして細い道を抜けると、突然、目の前に人の居住区が広がった。太い樹木の間に建てられた、たくさんの小屋やテント。あくびをする猫の向こうには、木の枝にハンモックをめぐらせて読書する人の姿。「ここはいったい、どこなんだろう！」とめまいがした。再び、東南アジアの光景がゆっくりと頭のなかをよぎった。

西成公園については、それまでに少しだけ聞きかじって名前は知っていた。一九九〇年代初め、バブルが崩壊してから、仕事を失ってこの公園に集まる人たちが多くなったという。多いときには二百名を超える人たちがここで暮らしていた。幾度となく、「追い出し」「撤去」などの脅威にさらされながら、現在も七十名ぐらいの野宿仲間たちが生活しているると聞く。だが、目の前の光景は、拍子抜けするほどに闘争的なイメージからはかけ離れていた。人影もあまりない。たぶん、皆仕事に出ているのだろう。

「カタヤマさ〜ん」と山元さんが叫ぶ。

「こっちだよ、こっち」

山元さんが手招きする。どこからともなく犬たちが元気に吠える声。ブルーテントからゆっくりとカタヤマさんが現れた。長い髪を後ろで一つにたばねて、読みかけの本を片手に、細長い体を揺らしながら。

「ああ、いらっしゃい！」

　空を低く横ぎる鳥が濃い影を落とす。枝や葉が風で鳴る音がはっきりと聞こえる。人が生み出す喧騒から遠く離れている西成公園の昼下がりは、「ここはタイの郊外ですよ」と言われれば信じてしまうほど、無国籍で平和な空気に満ちていた。

　車検がきれた古いワゴン車の横にブルーテント。そのかたわらには、ビーチパラソルにミニテーブル。座り心地のよさそうな簡易椅子が並べられ、数匹の縞猫と、カタヤマさんが世話をしている二匹の犬たちがしっぽをふっている。ラジカセからは、ピンク・フロイドが大音量で流れている。カタヤマ・サロン（と以後わたしは呼んでいる）の空気になじむのに、たぶん五分とかからなかった。カタヤマさんは、山元さんとわたしに椅子を勧め、水をいっぱい張ったバケツから数本のほどよく冷えたビールを出してくれた。

「ゴンちゃんとオンちゃんです。ぼくがつけた名前ではないんです。前の飼い主さんがそう呼んでいた」と、カタヤマさんはゆったりした口調で、犬たちを紹介してくれた。

「前の飼い主さんが飼えなくなってしまって、誰かがゴンとオンを大阪の動物管理センターに連れていったらしいんです。それで、センターに奪還しにいったんです。だから今、

アジアを思わせる西成公園の風景。写真中央はカタヤマさんと山元さん。

ここにいる」

カタヤマさんの口から「ダッカン」という言葉が発せられた瞬間、彼の眼鏡の奥のとてもやさしかった目が、一瞬きらりと光を放っていた。

動物管理センター、地域によっては動物愛護センターともいわれる。都道府県や都市に設けられたこの施設では、動物愛護精神と適正飼養の普及や啓発、家庭動物の保護と管理、人と動物との共通感染症の予防・調査などを柱とした業務を行うのだが、このなかに、不用になった犬・猫の引き取りと処分という悲しい業務が含まれる。「もう飼えなくなったから」と、飼い主から持ち込まれる犬や猫。迷子になって収容されても、元の飼い主が現れない犬や猫。一部は行政と民間の尽力により、新しい飼い主が見つけられるのだが、多くは殺処分される運命にある。その数、年間約三十万頭。大阪市の管理センターを始め、多くの自治体では二酸化炭素（炭酸ガス）による処分だ。動物たちは狭いガス室に集められ、殺される恐怖と苦しさにもがき、鳴き叫びながら絶命していく。

ゴンは柴犬の雑種といった風情で、立ち耳でしっぽがくるりと巻いた、なかなか男前の若い犬だった。活発で、猫たちにちょっかいを出したりしている。一方のオンは、やはりこちらも雑種で、独特の模様と愛嬌がある、子供っぽい甘えん坊の雄犬だった。二匹とも

犬猫の処分数（平成20年度）

	犬	猫	合計
引き取り数	36,858	77,476	114,334
所有者不明の引き取り数	16,355	123,484	139,839
捕獲数	62,946	――	62,946
返還数	17,419	244	17,663
一般譲渡	16,097	8,426	24,523
実験払い下げ	――	――	――
負傷動物収容	2,330	11,109	13,439
負傷動物の返還数	438	80	518
殺処分数	84,264	202,228	286,492

出典：地球生物会議ALIVE「全国動物行政アンケート調査報告平成20年度版」より

シャンプーをされたばかりで、ピカピカの毛並みだった。「かわいがられている犬の顔」をしているなあと思った。カタヤマさんが奪還行為に出なければ、この世になかっただろう二つの命をしばらくの間、ぼんやり眺めていた。

カタヤマさんに約束していた犬たちのフィラリアの薬を渡し、ビールもごちそうになり、余裕が出てきたところで、西成公園をちょっと回ってみたいなという思いにかられ、カタヤマさんと山元さんに案内をお願いした。

土のいい匂いがするなと思っていると、テントが並ぶ脇のほうにちいさな畑を見つけた。「これは?」とたずねる。

「菜園です。なかなか立派に育つんだよ。ときどき外国人がきて、ここで英会話を教えたりもしてるんだけど、おもしろいよ」

わたしはだんだん混乱してきた。それも相当ハイパーな「うれしい指数」アップな混乱ぶりだった。ぐるりと公園を回って、カタヤマ・サロンに戻って、緑とセミと蚊と犬と猫とヒト科生物に再び乾杯。

「なんだかカタヤマさんの生活はソローの『森の生活』みたいです」と思わずつぶやいた。ヘンリー・ソローは十九世紀の思想家で作家だが、街を離れ、たった一人で森のなかの小屋で自給自足の暮らしを二年以上続けていた。そのときの暮らしを綴ったのが、『森の生活（ウォールデン）』だ。この本を高校時代に読んで、思索的で質素な、そしてどこか頑固な生きざまに心を打たれたのを思い出す。その後ソローが生涯定職につかず、さらに奴隷制度やメキシコ戦争に抗議して投獄もされていた人物であることを知った。カタヤマさんは笑っていた。ラジカセのそばに置かれた何本かのテープを見つけて、無遠慮に物色し、「これが聞きたいです！」とわたしがワシッとつかんだのは、ビートルズの古いテープだった。「アクロス・ザ・ユニバース」。わたしが大好きなビートルズの一曲なのだけれど、まさか西成公園のビーチパラソルの下で、ブルーテントの横で、動物管理センターから生還を果たした犬たちの頭をなでながら聞くことになるとは夢にも思わなかった。

　カタヤマさんは東京の調布で生まれ、フーテン生活をしたりヒッピー暮らしをしながらインドを三年放浪し、北海道で路線バスの運転手をし、犬を連れて車で旅をし、釜が崎で建築関係の組織を立ち上げ、二十名以上のスタッフを抱えていたが、バブルが崩壊し、組織は倒産したけれど「まあ、まあ」とスタッフ皆にお給料を払って、自分は無一文になった人だった。現在は、骨董品などを売りながら生計を立てていた。せこせこもしなければ、愚痴も言わない。不思議な人だ。

「ぼくの夢は、どこか気候のいい島とかで、自給自足をしながら本を読んでゆっくり暮らすことなんです」とカタヤマさんは、にこにこしながら話していた。ヒッピー時代の先輩や友達の名前がぽんぽんと飛び出したとき、わたしは驚愕《きょうがく》した。カタヤマさんの口から飛び出した人たちの名前はわたしもよく知っていたし、何人かは、わたしも子供時代にお世話になった方々だったから。世界は狭いのか、地球はやっぱり丸いからなのか。

カタヤマさんと出会い、わたしの野宿イメージに新しい展開が生じた。抑圧され、惨憺《さんたん》たる生活を余儀なくされるという切なくてやりきれないイメージではなく、おおらかで自由な、風が吹くように生きる地球上の、いち生命体としての存在を彷彿《ほうふつ》とさせるイメージ。カタヤマ・サロンですっかりごちそうになり、いい気分になったところで、太陽がだいぶ低くなったのを確認して、おいとますることにした。にぎやかな昭和的商店街をまた通過しながら、山元さんといっしょに二百円ぐらいの冷やしうどんを食べた。こんなにおいしいうどんを大阪で食べたのは初めてだった（もちろん大阪のうどんはいつもおいしいけど）。感慨深く、夜行バスで東京へ戻る。次はいつ大阪に行こうかなとのんきに思いながら。

不当なことは立ち向かってＧＯ！

カタヤマさんの逮捕

この世の中には、にわかに信じがたい不公平があるということを、わたしはさまざまな動物たちとのおつき合いのなかで学ばせていただいたと思う。たとえば犬。ブランドの服を着せられ（当の犬たちはそんなこと気にしないと思うけど）高額医療にかかる純血種、一方でゴミのように捨てられ、二酸化炭素（炭酸ガス）による殺処分で息絶えていく雑種犬。たとえばライオン。アフリカの国立公園で野生のままのびのびと生きるライオンの家族、一方では北国でちいさな檻に閉じ込められて雪をぼんやり眺めながら一生を終えていく孤独なライオン。

どうしてだろう、と思ってきた。「仕方がない」と諦めるようなことなのだろうか。誰がそんな命のふり分けをできるのだろうかと。

カタヤマ・サロンを訪れてから一ヶ月がたったころ、突然山元さんから電話があった。

「あのね、今朝、カタヤマさんが逮捕されたんだよ」

思わず携帯電話を落としそうになった。

「え？　どうして？」と聞き返した。

山元さんは短く「公務執行妨害、ずっと前の」と答え、「カタヤマは何も悪いことをしていない。仲間のために闘ったんだよ。もちろん暴力なんて使うやつではない」とやさしくつけ加えた。「カタヤマは、逮捕されたときにも、えらく犬たちの心配をしていた。それで連絡をした」とのことだった。

二〇〇六年九月二十七日。早朝、西成公園に警察がやってきて、カタヤマさんは逮捕された。罪状は、二〇〇六年六月十二日の西成公園における「威力業務妨害（刑法第二三四条）」（公務執行妨害）だという。この日カタヤマさんたちは、ほかを追い出されて住む所のない野宿仲間を一時避難的にかくまうために、緊急にテントを設置しようとしていた。そこを公園事務所の人たちに注意され、公園に住む仲間や支援する活動家などの有志が抗議行動を行ったのだった。カタヤマさん以外にも三名が逮捕され、一部の新聞では実名報道された。ゴン、オン。すぐにでも飛んでいきたい衝動にかられたが、わたしは今、東京の自宅アパート。これからバイトに行かなくてはいけない。「どうしよう」と思い、大阪のアニキこと津田くんに電話をした。

津田くんは、三十年近くも捨てられた犬や猫の保護活動をしている生粋の難波の兄ちゃんである。彼は個人ボランティアで、犬や猫（その他傷ついた野鳥）を保護し、里親を探したり、犬猫の窮状を訴える手づくりのパネル展をしたり、さらには器用なので移動式パネル台を作成して、それを全国の動物愛護活動仲間に分け与えるような気のいい人だ。自分は携帯電話を持たないのに、以前から彼の居住地界隈の犬猫を世話している野宿のおっちゃんには、プリペイド携帯を渡したりしている。どんなに仕事が忙しくても、自分の健康状態がよくないときでも、文句一つ言わずに、いつもニコニコして皆（人も動物も）のために奔走している。なんて書くと聖人のようだが、一方では空手の道場に通ってストレス発散もしていた。

津田くんには西成公園にゴンとオンの様子を見にいってもらうようお願いし、メールでたくさんの人たちにＳＯＳを呼びかけた。

「野宿の飼い主さんが不当逮捕されて、二匹の犬たちが公園で困っています。ドッグフードなどの救援物資求む！」

即座に反応があった。野生動物保護活動の仲間の一人は「インターネットでフードを購入したよ！」と返事をくれた。「すぐにフードを手配させていただきます。ご本人、犬たちのご健康をお祈りします」と文学友達からもメールがあった。大量のフード、さらには西成公園の野宿仲間たちへの毛布やらタオルやら救援物資を車につめ込んで、ゴン、オンの様子を見にいった津田くんからは「二匹とも元気やったわ。えらいかわいい犬たちや」という報告を受けた。

またしても大阪へ向かった。もう新今宮の駅から西成公園まで一人で行けるように道を覚えたのだけれど、心配性の山元さんがやはり迎えにきてくれた。西成公園は秋だった。太陽は高度を変えて、日差しが斜めに差して影が長く伸びた。ゴンとオンは、相変わらずしっぽをふりながら（多少吠えられたけど）歓迎してくれた。二匹の世話は、西成公園でテントを張る仲間たちが見てくれていた。寂しそうな犬たちを見ていると、カタヤマさんも心配しているに違いないと胸が痛くなった。

「カタヤマの面会にいこう」と山元さんがきっぱりと言った。

津田くんの運転で、山元さんとわたしは大阪拘置所へカタヤマさんとの面会に向かった。面倒臭い面会手続きと差し入れ手続きに獰猛《どうもう》な唸り声を上げながら、手分けして行う。提出書類の項目の一つに、「本人との関係」という欄があった。山元さんは津田くんや私の分もさくさくと書いているのだが、ちらっと見たら、我々は「いとこ」とか「息子」とかになっていて、もうめちゃめちゃだった。ちょっと笑った。お世辞にもきれいとはいえない待合室はとても込んでいた。番号札を持ち、呼び出しをじーっと待つのだが、新しい番号の人が先に呼ばれたりして納得がいかない。結局、カタヤマさんに会えるまでに、一時間近くかかった。ようやくカタヤマさんとの面会となり、ちいさな面会室に二人がぎゅうぎゅうに座る。分厚いガラスは頑丈で、完全に「こっち」と「あっち」を遮断している。カタヤマさんはなかなか現れない。緊張が高まる。ぎいっとあっちの奥にあるドアが開いて、ものものしい監視官といっしょに長髪のカタヤマさんが現れた。

「お久しぶりです」

カタヤマさんは礼儀正しく挨拶し、それから茶目っ気たっぷりに笑った。それにつられて皆、笑顔になった。彼は「ゴンタとオンタが世話になって……」と頭を下げた。

「今、独房なんだよね」

「独房か、ええ身分やな。おれなんか、前に入ってた時は、大部屋やった」

山元さんが応えた。

「独房最高！　本がいっぱい読めるんです！　しかも三食昼寝、瞑想つき！」

「ほんとは皆でカップ酒持ってきて、目の前で飲みながら面会しようと思っとった」

山元さんは笑った。

「すごい健康生活だよ。酒もタバコもないからねえ」

カタヤマさんは終始笑顔だった。

皆で、野宿者支援活動の話や、仲間の近況や、そして犬たちの話。あっという間の十分が経過し、監視官から「面会終了」を告げられた。

「オンタとゴンタをどうかよろしくお願いします」

カタヤマさんは、津田くんとわたしにとても丁寧に挨拶して、にっこり笑って去っていった。あっちのドアの向こうへ。


カタヤマさんは、ゴンやオンが動物管理センターに連れていかれて殺される不条理に納得がいかなかった。だから、彼らを奪還した。そして、追い出されて行き場のない野宿仲間を、さらに追いつめる人たちの存在が許せなかった。だから、抗議した。

「同じ命なのに、おかしいじゃないか？　こんな不当な不公平を許していいのだろうか？」

静かな怒りを、彼は行動で示したのである。それは、彼自身のゆるぎない正義と、今、目の前にある命たちへの慈しみの気持ちの表れだったのだと、わたしは思う。

人と犬が紡ぐもの

残された犬たちと人間模様

東京に帰り、日々起こるちいさな出来事に一喜一憂する日常に戻りつつ、カタヤマさんと手紙のやりとりをしていた。拘置所の独房で日々を送るカタヤマさんに電話やメールは通じるわけもなく、久しぶりに紙とペンを使って手紙を書くことになった。

手紙はいい。一字ずつゆっくり文字を書く作業が、心地よい。カタヤマさんは、相変わらず西成公園に残してきたゴンとオンを心配し、「よい飼い主が見つかったらうれしい」と切々と書いていた。

ゴンとオンの里親探しに奔走してくれたのは大阪のアニキこと津田くんだ。彼は時間を見つけては、西成公園にドッグフードや公園の住人用に毛布や衣類を運んでくれた。カタヤマさんがいない間の二匹の世話は、西成公園に住む仲間たちが交代で行っていた。ゴンもオンも気丈だったが、カタヤマさんがいなくて本当に寂しそうだった。

「なんとか、早くいい飼い主さんを探さなくてはアカン」

津田くんは、二匹の写真を撮り、関西で里親探しのボランティアをしている友人や知人にその写真を送り、新しい飼い主を募集する旨を呼びかけた。まず里親が決まったのは、男前のりりしいゴンだ。大阪市内の大きなお屋敷にもらわれていった。一方、愛嬌のある顔のオンは里親が決まらず、一ヶ月間たっぷりと津田邸で過ごすことになり、津田くんのオンへの愛情も深まったところで宝塚市内の家族にもらわれることが決まった。

「本当は、うちに置きたいぐらいかわいかったわー」と津田くん。でも、津田邸にはすでに二匹の「たぶん里親に出すのはきびしいだろうなあ」という味のある雑種の保護犬がいるので無理だった。オンと別れるのは、彼も寂しかったようである。

オンとゴンの新しい家での幸せそうな写真を津田くんに送ってもらった。二匹とも笑っているような顔をしている。オンは、名前が「だいちゃん」になっていた。里親先には先住犬がいて、オンより大きい体なのに「しょうちゃん」というらしい。オン、いや、だいは、しょうとも仲良くなり、家族と室内で暮らしているということだった。

現代の日本では、犬は自分の一生を自分の意思で決定することはできない。人という生きものが犬たちの生存そのものに首輪をつけているからだ。犬のリーダーである人が「いらない」といえば無罪の死刑となり、「いっしょに楽しくやろうね」となれば、ハッピーな暮らしが待っている。犬の哀《かな》しさみたいなものが時折、耐え難い。ゴンとオンもカタヤマさんがいなければ、カタヤマさんが動物管理センターから奪還しなければ、もうこの世にはいなかっただろう。そして、津田くんがいなければ、路頭に迷うことになったかもしれない。この世の縁というのは、種を超えて奇跡的なストーリーを紡いでいく。

「カタヤマさんに写真を見せてあげたい」

津田くんは言った。新しい家族の元で第三の犬生を歩むことになったゴンとオンの幸せそうな写真を、獄中のカタヤマさんに見せたいというのだ。大阪拘置所へ、津田くんと山元さんと再び足を運ぶことになった。

「ゴンちゃんもオンちゃんも、津田くんがすばらしい里親さんを見つけてくれたんだよ」

ガラスのあっち側のカタヤマさんに報告した。本当にうれしそうだった。「ありがとう、ありがとう」と何度も頭を下げていた。山元さんとカタヤマさんの漫才みたいなやりとりを聞きながら、津田くんもわたしも顔がほころんだ。

ゴンとオンの写真をすぐに渡してあげたかった。でも、たった二枚の写真であっても拘置所の検閲システムが立ちはだかるのである。差し入れ、としてわざわざ窓口で手続きを踏まなくてはいけない。本人の手に渡るには、二、三日かかるということを初めて知った。

短い面会時間が終了し、手をふって別れながら、「早く出てきてカタヤマさん、またいっしょにビートルズでもルー・リードでも聞きながら、皆でいっぱい話して飲みましょう！」と心から思った。

しかし、カタヤマさんは保釈を自ら拒否したのだった。


便り、ありがとう。

四月二十日に保釈で二人出ました。ぼくは、保釈は拒否しました。

理由は、「月がとっても青いから遠回りしておうちに帰ろう」と思ったからです。

六十歳を二つ越えて、バカがおおっぴらにできるようになったので、その記念に保釈を拒否しました。

そんな自分が嬉しくて今日も酒ダ……と思ったが、日々是牢獄の中の身、嗚呼！

酒と音楽と夢のある話……先延ばしになっちゃった。

（カタヤマさんの手紙）


「カタヤマが保釈を拒否した理由知ってる？」

「あ、月がとっても青いから、遠回りしておうちに帰るってカタヤマさん、手紙に書いて

（上）幸せそうなカタヤマさんとオンのツーショット。
（イラスト）寅画伯による失われつつある、釜が崎の街並。
（下）左側がオン、右側がゴン。

ましたよ」

「保釈は、金がかかるんや。その金は、活動やっとる人たちが皆で出す。カタヤマは、自分のために皆の金を使われることがいややったんやろうなあ。自分は独房で我慢して、皆にそのお金を回してほしいってことなんやろうな」と山元さんは言った。

わたしは黙って聞いていた。カタヤマさんが獄中生活を送るなか、わたしたちは何度も手紙のやりとりをしたが、自己犠牲的な悲壮感を彼の手紙から感じることはついになかった。だてにインドを放浪したり、ナナオサカキやゲイリー・スナイダーやギンズバーグとの交流をしてきたわけではないのだ。さすが、ヒッピーの大先輩だと思った。

「ヒッピー」について辞書には大概こんな説明がある。「自然への回帰を主張し、伝統・制度など既成の価値観にしばられた社会生活を否定する青年集団」（大辞林）。だが、本来のヒッピーとは、そのような解釈だけで表されるものではないと思っている。一九六〇年代後半、ベトナム戦争の反戦運動で「ラブ＆ピース」を掲げて、国家権力に対抗したのは彼らではなかったのだろうか。自然や音楽や自由を愛し、不毛な争いを好まず、しかし不当な権力に対しては「生き方としての」抵抗を体現してきたその精神は、ヒッピーという言葉でくくらなくとも、今の時代に脈々と形を変えて受け継がれている気がする。カタヤマさんの保釈拒否に、わたしは「本来のヒッピーとしてのスピリット」と、彼がもともと持っている「ロック魂」の両方を感じていた。

ゴンとオンの里親が無事決まったと知ってからは、なんだか手紙のなかのカタヤマ節も壮快痛快で、とてもうれしかった。手紙は、隅田川のテントの住人の皆にもよく読ませた。皆、笑って、「すごい！」と手を叩いていた。「元気が出る手紙だね」とも。わたしも手紙をリュックに入れて、時々開いては励まされていたのだった。

インドでは古くから人生を四つに分ける「四住期」という考えがあって、それに従って生きることが理想とされてきた。

「学生期」二十五歳位までは、よく学び体を鍛える。

「家住期」五十歳ぐらいまでは、結婚し仕事に励み家庭を維持する。

生活が安定したところで「林住期」となり、ここでなんと家出をするのだ。

仕事を離れ家族を残し、自分ひとりで旅に出て勝手気ままに暮らすのだ。

真の生き甲斐をさがすのだ。存分に自由時間を楽しんだ後、家に帰り元の生活を再開する。ところが、まれに旅に出たまま戻らない者がいて、彼らはそのまま「遊行期」に入っていく。

この最後の住期は悟りを目指す修行の旅だ。

ブッダは、家を捨て、妻子を捨てて、やがて「遊行」ののちに悟りを開き覚者となった。ブッダの家を捨てた行為はこれまで「出家」といわれてきたが、「家出」が本当のところだそうだ。ブッダも良寛も、山頭火も、イエスもフランチェスコも、タゴールもナナオも、皆、林住者であり、遊行者なのだ。そしてヒッピーなのだ。

「林住期」は、俗にあらず、聖にあらず、なのだ。

「ひとり坐し、ひとり臥し、ひとり歩み、なおざりになることなく、わが身をととのえて、林のなかでひとり楽しめ」なのだ。

「遊行期」足ることを知り、わずかの食物で暮らし、雑務少なく、生活もまた簡素であり、諸々の家で貪ることがない、諸々の感官が静まり、聡明で高ぶることなく生きよ。

以上は、山折哲雄著「ブッダは、なぜ子を捨てたか」（集英社新書）を参考にした。

こういう人に僕はなりたいのだが……である。

今、自分は「獄中期」なのだ。

ひとり独房に坐し、終日酒とたばこと塩ラーメンを愛でることを欲し、あらゆる煩悩にさいなやまされ、反省もなくひたすら夢幻をおいかけ、悟ることなど皆無に等しい。
獄中は究極のシンプルライフなのだ。
「世の中　バカが多くて　疲れません？」
二十年ほど前、テレビのＣＭで桃井かおりが言っていたこのフレーズ、そのＣＭが流された直後から多くの視聴者からの苦情により打ち切りになったいきさつがある。
ぼくは、とても含蓄のある、味わいのあるフレーズだと思っている。
とても気に入っているフレーズだ。
これからの公判日程
六月二十五日　Ｎさん　Ｔさん　被告人質問　午前・午後
七月十七日　十時　論告・弁論（求刑）
この日結審となる。八月　未定　判決言い渡し
「世の中　バカが多くて　疲れません。」

ただいま「獄中期」囚われのヒッピーより
（カタヤマさんの手紙）

結局カタヤマさんは一年近くも「獄中期」を過ごしていた（本人いわく満喫していた）。出てきて、最初に口にしたのはラーメン。そしてもちろん冷えたビール。

「ラーメンはシャバの味っていうんだよ。獄中に入ってると、わりとなんでも食べられるんだけど、ラーメンはあそこにはないの。あと、刺身とかの生もの。で、もちろん、酒とタバコ！」

超自由人のカタヤマさんは公園に戻ってきてやっぱりうれしそうだった。山元さんと津田くんと、西成公園の仲間で出所祝いをした。

嵐が来ると、大きくて強固な樹木はポッキリと折れてしまうことがある。でも、野草は案外、嵐に強い。過ぎ去ったあとも、ちゃんとのびのび光合成をしていたりする。カタヤマさんという生きものは、野草みたいだ。西成公園で、きっと今日もピンク・フロイドやエルヴィス・プレスリーを聞いて、ビール片手に光合成をしているだろう。

事件後のジェシカおばさん

里親探しに奔走するボランティアたち

「ええっ！　これはどう見ても、モモちゃんって雰囲気ではないよ！」

思わず叫んでしまった。津田くんがまた（本当にやむをえず）、犬を保護した。二〇キロ以上はあろう貫禄のある中型犬が二匹、バフバフと登場した。一匹がそのモモ。日本犬系の白い雑種で、背中にお皿が載りそうな肥満体である。もう一匹は、タイガ。黒と茶色が入り混じった複雑な毛色をした、オオカミを思わせる風貌の雑種犬だ。

「これは、モモちゃんというよりも、ジェシカおばさん、というほうがぴんとくるけど？」と思わず言ってしまった。「ジェシカおばさんの事件簿」というテレビドラマは、アメリカでロングランだった推理もののドラマだ。五十歳代後半のチャーミングで、ちょっと貫禄のある推理小説家のジェシカおばさんの周囲では、彼女が望みもしないのに、たくさんの事件が起きてしまう。わたしはジェシカおばさんがとても好きだった。モモは、そのジェシカおばさんにどことなく似ている。以後、わたしはモモを「ジェシカさん」と呼ぶようになった。

さて、ジェシカさんは、いったいどこからやってきたのか。

津田くんは、JR大阪環状線の某駅近くから見えるあるちいさな公園を気にしていた。そこには、野宿のおっちゃんが暮らすテントが張られており、その前に二匹の犬がつながれていた。数年前から、行政の公園整備課からの立ち退き勧告がされていたらしい。しかし、その飼い主のおっちゃんの姿を急に見なくなったという。犬たちには、ごはんを与えに通うご婦人がいらしたらしい。そして、おっちゃんが居住していたテントの撤去まで、もう時間がないことを津田くんは彼女から知らされた。

「さて、どうするか」

津田くんは相当悩んだ。彼はいっぱしの仕事をしている成人男性である。仕事は動物とは関係ない。しかも、捨てられたところを保護した長年の愛犬ビーちゃんという犬もいれば、またまた保護せざるを得なかったケンカが生きがいのコータローという犬もいる。そしてまた別の野宿のおっちゃんから保護した病気がちなチャキという地味な犬もいるのである。さらに、これまたやむなく保護した十数匹の猫たちの世話にも翻弄されている。

「諦めようや、そんなトコにもう近寄らんとこうや！」と常識的な津田くんが囁いた。すると、もう一方の非常識な津田くんが「犬猫のボランティアのおばちゃんのなかには、オ

たっぷりの貫録と愛敬のある“ジェシカおばさん”ことモモ。

マエなんかよりもっとがんばっている人がいくらでもおるやんか、なんとかなるて！　行け、行ったらんかい！」と背中を押そうとした。（本人談）

もちろん勝ったのは非常識なカッコイイ津田くんであることは言うまでもない。

彼がしたこと。まず、「犬がいるテントの解体・撤去をもう少し待ってほしい」と、保健所に頼んだことだ。保健所からは、「決めた日にちは変えられない」と通達されていた。しかし、津田くんの懇願に対する保健所の対応は、「二匹の犬を処分するというなら、あなたが引き取るなり飼い主を探すなりをすること。それを約束した旨の覚書を一筆用意してほしい」という話だったという。

わたしは、動物保護行政のなかで、一生懸命動物たちのためにがんばっている獣医師や職員の方々を知っている。犬たちの飼育怠慢現場に休日返上で出向く行政マンや、動物管理センターに不要猫として回されてきた猫を自分で連れ帰った行政マンを知っている。同じ行政の人でも、ひとくくりにはできないものだと改めて感じてきた。人は、立場や肩書ではなく、やっぱりその人の判断、人柄なのだとつくづく思う。だからこの話を聞いたとき、残念に思ったのだ。

テントを撤去する直前の日曜日の早朝。人気のない公園に津田くんは自転車でたどり着く。

「二匹の犬が、ぼろいテントのなかで体を寄せ合っていた。すぐに俺に気がついて頭を持ち上げた」

一匹は、白い雌犬、ジェシカさんだ。何度も子犬を産んだらしく、お乳がたれていた。もう一匹は黒と茶の入り交じった甲斐犬風の雑種の雄、タイガ。とても憶病だった。

飼い主の野宿のおっちゃんは、体調が悪かったらしい。十年以上、その公園で寝泊まりをしていて、近所ではよく自転車で走っている姿を見かけられていた。大阪市のある職員が訪問したときには、子犬たちが数匹、公園内を走り回っていたそうだ。「大阪市で行う子犬の里親探し会の対象になるから、飼育を放棄しませんか？」とやさしく諭しても、「俺の家族同然や。やらん！」と駄々をこねたという。しかし、おっちゃんはその後、保健所の窓口に号泣しながら子犬たちを連れてきたそうだ。

津田くんは長年、いろんな「まさか」の犬猫（ときどきスズメ）の救護を一人で黙々と行ってきた。近所に暮らす野宿のおっちゃんにも差し入れをしつつ、その愛犬や猫の世話もしつつ、引き取りもしつつ、プリペイド携帯も持たせて、しかしあまりの世話のひどさにぶちきれて、ついついケリを入れてしまい、警察を呼ばれたこともあるという（でも結局、そのおっちゃんとは仲良しである)。

そんな彼でさえ、失跡したおっちゃんに対してはこう思った。

「こんな犬たちを何ヶ月も放置して、ひどい。いい加減なおっちゃんに決まっとるわ」

しかし、津田くんが二匹の犬をボランティアの一時預かり先に預けた後、とんでもないニュースが入った。飼い主の野宿のおっちゃんが、なんとテントから遺体で発見されたのである。おっちゃんは、犬たちを放棄してどこかへ行ってしまったのではなく、体が不調の上に寒さが重なって凍死していたのだ。

「俺は遺体の横で、悪口を吐き倒していた」

津田くんは呆然とした。

おっちゃんの死は、二ヶ月もの間、誰にも知られなかったのだ。遺体の存在さえも。人は誰でも一人で死んでいく。それは生物的に当たり前のことかもしれない。でも、おっちゃんのことを気遣う少しの人がもし彼の存在に心を寄せて声をかけるようにしていたら、死後二ヶ月もたって発見されることはなかったに違いない。

その知らせを聞いた翌日、津田くんは柄にもなく花屋へ向かった。もう小屋の跡形もないその場所に、丁寧に黄色と白の花を供えた。

「これからいろいろな人の世話になり、あなたの二匹の犬の新しい里親さんを探します。探せなかったら自分がなんとかします。別々に飼われるしかないと思いますが、どうかよい結果になりますように見守ってください。生涯幸せに暮らせる状況に持っていけるように力を貸してください。ご苦労さまでした」

津田くんは、またまた柄にもなくお祈りをした。

「先なんて見えへんで。あてなどないし、ケセラセラでいくしかないわ〜」という津田くんである。二匹の犬たちのその後であるが、甲斐犬系雑種のりりしいタイガ（今は「雷蔵」というらしい）は、里親探しを行うボランティアたちの温かい協力ですばらしい環境と家族の元で幸せになった。

一方の白い中型犬、ジェシカさんは結局、津田家の家族となった。ジェシカさんは、もともとはガリガリに痩せて保護されたのだった。それが、津田くんの手厚いケアで、いつのまにか堂々たる体形に成長した。ケンカのコータローともいさかいなく、のんびりひなたぼっこしながら暮らしているようだ。コータローのつらい過去も聞いた。かつて自営業だった飼い主が不幸な境遇の犬猫をかわいそうに思って保護していたのに、自分の店がうまくいかなくなり、五匹の犬と十五匹の猫を残して失跡した。近所の人々が、彼らにごはんを与え、里親探しに尽力してくれた。そして最後に残ったのがコータローだった、ということで津田くんが引き取った。コータローは、わたしの審美眼ではそうとう美男子である。オオカミみたいだけれど、目がくるっとしてかわいい。

ジェシカさんは、無愛想で甘えるのが下手、でもとっても和む。彼女は今、幸せに毎日を暮らしている。天国の飼い主のおっちゃん、安心してください、そして、犬たちだけではなく、ちょっとは津田くんにもハッピーのカケラをお願いしますね、と手を合わせてしまうのだった。

このエピソードは、西成公園のオン、ゴンの件よりもずっと前に起きたことだ。野宿仲間と動物たちの話をしたいのは、わたしよりも、津田くんや長年地道に活動されてきたほかの動物愛護のボランティアさんたちかもしれないとしみじみ思う。

居酒屋「はな」のシアワセ術

釜が崎に集う人たち

釜が崎を幾度か訪れるようになり、いつも泊まる宿も決まった。それは駅から近いドヤである。ドヤとは、本来は日雇い労働者が寝泊まりする簡易宿泊所だが、そこは女性も宿泊できると教わり、泊まるようになった。最近では外国人のバックパッカーの宿泊客も多く見られる。男女共同トイレで出会っても「ハーイ！」と挨拶を交わし、気楽である。二千円をきる宿泊料。部屋は三畳一間、しかしテレビもあり、冷暖房もある（時間帯によって止まるが……）。窓を開けると四季折々の風が吹き込んでくる。ちいさなエレベーターのなかで、旅人らしい中国人に中国語で話しかけられてもわからないので、日本語で挨拶を返しても、向こうもにこにこしている。意外に言語というのはこういったときには不要で、たぶんテレパシーみたいなもので十分通じ合えるのかもしれない。

釜が崎のあちこちにいる犬たちのことも、ほんの少しずつ覚えていった。あそこの角の屋台にいる犬たち、そっちの通りにおとなしく寝ているあの犬、そこの路地を入ると皆に頭をなでられている犬。この街では、犬が空気のように当たり前に存在している。

さて、釜が崎に来ると顔を出さずにいられないちいさな飲み屋さんがある。阪堺電車のガード近くにある「はな」というお店だ。そっと引き戸を開けると、「いらっしゃい！　まきちゃん、久しぶり‼」と威勢のよいオレンジ色の声と、「わんわんわん！」という犬たちの美声がみなぎる（常連さんには吠えません！）。

白い被毛に茶色いぶちのある、つぶらな瞳の雑種犬のハナ。お店の看板娘である。というより店長という噂もある。黒とグレーのふさふさした長い毛並みにワイルドで味のある美犬がモモ。ハナの娘である（しかし、こちらのモモも、あまり「モモ」という顔をしていないとわたしは思うのだが……）。そしてちょこちょこと現れるのが、ダックスフントのチビ。三匹が自由にしているお店で、木の長椅子に腰かける。常連のおじさんやお兄さんたちの陽気な宴がにぎやかだ。二人のママさんたち、美代子ママとゆみママは、お酒やお料理を運んだりお客さんにあいづちを打ったり笑ったりと忙しそうだ。

カウンターの向こうの黒板を眺める。今日のメニューが書かれている。

「おなか空いちゃった！　ほうれん草のおひたしと、鍋焼きうどんをください。あとお茶割りください。あ、チーズも！」

ここでは、ぽんぽんとなんでも頼めてしまう。なんといっても安い。料理メニューは、ほとんどが三百円以下である。

「はーい、ちょっと待ってね！」

美代子ママがキッチンへ消えていく。いつも元気だなあ、すごいなあ、と感心してしまう。このお店は朝の十一時から夜の九時まで、火曜日を除いて毎日営業しているのだ。だから、「東京になかなか遊びにいけない」とママたちが言うわけである。

ほどなく「おう！」と橋本先生が出現。わたしを「はな」に連れてきてくれたのが彼だった。縦に伸びきったような（失礼！）ひょろりと長身の橋本先生は小学校の教師だ。犬たちは橋本先生には吠えない。「あ、来たのね」という顔でチラッと見てまたすぐ視線を元に戻す。橋本先生は、人権やら労働、教育、野宿などさまざまな問題にキリンのような長い首を突っ込んで、いつもとても忙しそうだ。そのさなか、独学で中国語を習得し、通訳のボランティアなどもしている。

「どう？　元気だった？」

眼鏡のにこにこ顔は、やはり小学校の先生という感じである。

「そうそう、山元さんの件ね、聞いてるかもしれないけど……」

「あ、カタヤマさんに聞いてます。実刑判決になったって」

二〇〇八年六月中旬。釜が崎で数日間続いた警察への抗議行動。一人の労働者が受けた警察からの不当な暴力が発端だったらしい。その暴力行為を許せないと思った数百人の釜が崎の労働者や地域の若者たちが声を上げたのだ。そのなかに、山元さんもいた。そして逮捕された。そのことをすぐに電話で知らせてくれたのが、カタヤマさんだった。二〇〇八年の夏から秋にかけて、今度はカタヤマさんと、山元さんの面会に大阪拘置所へ足を運んでいた。二年前とは逆だった。

「公務執行妨害が前の分もあって、実刑なんだよな」と橋本先生が言った。

「早く出てきてほしいけど、二年以上って聞いた。ショックだよ。手紙は渡せるのかな？」

カタヤマさんのときもそうだったけれど、自分のためではない、誰かのために、皆のために、社会のために声を上げることが、こんなやりきれない結果につながっていくなんて。親切で冗談が大好きな山元さん。犬たちにも話しかけていた山元さん。おしゃべりが大好きな山元さんは寂しくないだろうか。

「放水車まで出たって聞いた。高圧放水で、人も自転車も飛ばされたって。失明寸前になった人も、骨折した人もいたんでしょう？」

「機動隊が数十名出たそうだからねえ」

しんみり話しながら、そんな光景を釜が崎の犬たち猫たちは、どんな思いで見ていたんだろうと思った。いつも頭をなでてかわいがってくれる、おいしいごはんをたくさんくれる、飼い主やその仲間のおっちゃんたちが、引きずられていったり飛ばされたりしているのを見た犬たち猫たちだって、相当ショックを受けただろう。彼らだって、声を上げて、牙をむいて、爪を出して抗議したい衝動にかられたに違いない。

「鍋焼きうどん、お待ちどおさま！」

湯気を上げておいしそうなうどんを、ゆみママが運んでくる。自動的に犬たちもゆっくりこちらを目指してくる。

「こらあ、だめだぞ。これ以上もらってばかりだと、メタボリックだぞ！」

隣のテーブルのおじさんが、ハナに笑いながら注意している。しかし、ハナとモモは行儀よく前脚をそろえてわたしの足元に座って、じいっとこちらを見ている。無言の要求があまりにもかわいらしいので、ついついあげたくなってしまうのだ。

「まきまきも、やっと一人で店にたどり着けるようになったねえ」と美代子ママ。

「やっと道、覚えました！」

大変な方向音痴のわたしは、どんなにわかりやすい道順でも、なぜか迷ってしまうのだった。でも、もう大丈夫。

「あっ、これあげるね！　首元寒そうだからね。かわいいでしょ？」

美代子ママが店に置いてある、かわいらしいショールを手渡してくれた。

「ありがとうございます！　うれしいなあ、大事にしますね！」

見た目はとても若々しい、ショートカットの似合う美人の美代子ママなのだが、ふと、その横顔にやんちゃな知性を感じてもいた。きっとナニカある人なのだ、と思っていた。

「美代子ママはどうしてこの店をやっているの？」と、たまらずに聞いてしまった。

「それはね〜」

微笑しながらママは話してくれた。

新潟の田舎で生まれ育った美代子ママは、一九七八年、大学入学とともに東京へ上京する。あるとき期末試験の会場に、ヘルメットをかぶった学生たちが乱入し、試験は中止になった。後にそれが「大学のキャンパス移転に反対する闘争」であることを知る。ちょうど大学闘争が盛んだったころのことだ。その後、美代子ママもノンセクト（既存の党派に属さない無所属派）として数々の闘争に参加した。

（上）「はな」の店内でくつろぐ犬のハナ。
（下）上からゆみママ、美代子ママ、ハナ。

立川の反戦闘争で、C1ジェット機の韓国飛来を阻止するということで、鉄塔を建てたときに知り合ったのが、とび職の山谷のおっちゃんだった。それをきっかけに、山谷での支援活動に参加するようになる。

バリバリの活動家だった美代子ママは、一九八九年、関西に引っ越したのを機に、釜が崎でも活動にかかわるようになる。失業闘争などに参加するうち、「この釜が崎で、自分の志と生活をいっしょに実現できる手段はなんだろうか」と模索し「お店をやろう！」と決意したのだった。

「一生懸命、働いて帰ってくるおっちゃんたち皆が、平等に食べられて、飲めて、疲れが少しでも取れるお店にしたかった。そしてできるだけ安くしたいと思ったの」

美代子ママは淡々と語る。

「みんなのサロンって感じですもんね。わたしも近所だったら通っちゃうかも。かわいいホステスさんたち（犬たち）もいるし」

きつい仕事のあとでちょっと一杯飲みながら、仲間と話せて、おなかいっぱい食べて、ママや犬たちに癒やされて。それは日常のほっとする時間に違いない。

朝十一時から開店のなぞも解けた。それは釜が崎のおじさんたちが飲兵衛ばかりという理由ではない。夜勤明けのおじさんたちのために、朝から開店なのだ。夜九時で閉店するのも、「あまり飲み過ぎないようにね、明日の仕事もがんばって！」というママのやさしい気遣いゆえのことだ。ママ、というより、皆のゴッドマザーみたいな人だと思った。

看板娘のハナは以前、美代子ママが働いていたお店のお客さんのところで生まれた子犬。六匹生まれたうち、最後まで里親が決まらなかった子だった。犬のハナも、お店の「はな」も由来はいっしょ。「Flower」ではなく、ハングル語のはな（하나）。そこには「ひとつ」という意味があるのだそうだ。

ハナが一歳になったときに、一粒種のモモを授かった。ママたちは相談のうえ、母娘とも不妊手術をすることに決めた。毎年の予防接種や健康診断も欠かさない。お客さんも、率先して散歩に連れていってくれる。とてもおっとりした二匹で、店から勝手にどこかへ冒険にいってしまうこともない。店の居心地のよさを知っているからだろう。唯一の純血種であるダックスフントのチビが「はな」にもらわれたいきさつは、少し悲しかった。チビは生まれつき左の前脚が欠損しているのだ。ダックスフントのような流行犬種になると、一部で無責任なブリーディングが行われる。そのために、生まれつき不具合を持った子犬も生まれてしまう。かわいそうに思ったあるおばあちゃんがチビを保護していたが、ほかにも犬を抱えているために、美代子ママにチビを託したということだった。チビは三本脚でもちゃんと歩く。そしてとてもおとなしい。お客さんたちに抱かれて目を細めている。

居酒屋「はな」のお客さんも、動物をとても大事にされる方が多い。ママたちは、動物でも人間でも粗末にされることが大嫌いなのだ。不妊去勢手術をお客さんに勧めたり、安い動物病院の情報を紹介したり、動物病院に行くお金がない人の分はそっと立て替えたりもしている。動物にも人間にも温かい飲み屋（ちいさなコミューン）は、人間にも動物にも尊厳がある社会への大事な窓口のひとつである、とわたしは信じている。

「あ、カタヤマさんが来た！」と橋本先生が手をふる。

「ああ、どうも」

橋本先生とカタヤマさんが並んで座ると、大型犬が二匹隣にいるようで、なんとなくそわそわしてしまう、やや小型犬のわたしである。

店では、カラオケタイムが始まっていた。「カタヤマさんも一曲歌いなさいよ」とお客さんに言われるけれど、「いや、ぼくは歌わない」と、ハナの頭をなでているカタヤマさん。

「あ、でも、ぼくは歌わないけど、誰かに歌ってもらおうかなあ、プレスリー」

「歌いますよ！」と即答するのは、邦楽も洋楽もなんでもこいの、短髪で笑顔のお兄さんだ（本当に歌が上手なので、わたしは彼のことを「歌のおにいさん」と呼んでいる）。

「どの曲にしましょうか？」

「あっ、ラブ・ミー・テンダー、お願いします」

カタヤマさんが頭をちょっと下げた。

「はな」はもうすぐ閉店時間だ。犬たちは、半分夢を見ているようだ。わたしも、ママからいただいたショールを頭からぐるぐる巻いて、すこしお酒も回って半分夢心地である。

冬の釜が崎だけれど、この空間は、変わらずいい温度が流れている。

・Column・

ジョン熊五郎

冬将軍も去った三月。長年、隅田川テラスで暮らしてきた老犬のジョンに不慮の事態が起きた。亡くなった野宿仲間からジョンを引き取って面倒を見てきた、隅田川テラスのYさんが健康を害し、ジョンとの暮らしを続けることが困難になってしまったのだ。ジョンはこげ茶色の中型犬で、二〇キロはあるおじいちゃん犬だ。

「難しいのは分かっているけど、誰か、ジョンの余生を引き受けてくださる人はいないかな……」

通報してきた支援活動家からは、ジョンも共闘してきた大事な野宿の仲間の一員であり、なんとかしたいという強い思いがじわじわと伝わってきた。

「なんとかならないだろうか」。頭を抱えていたとき、動物のカミサマがふっと思い出させてくれたある人物がいた。斉田隆幸（以下、さいだ）先生だ。彼は、サラリーマンをしながら奥さまといっしょに、不遇な動物たちを多数保護してきた後、一念発起して獣医大学を受験したという経歴の持ち主で、頼りになるお兄さん分の獣医師である。最近、神奈川県の藤野というところに「かぶくん動物病院」という自身の病院を開業されて忙しい盛りだったが、わたしの、半分まくしたてるような
ジョンくん相談電話のあと、彼は静かに、きっぱりとこう言った。

「うちで受けましょうか」

三月二十一日。晴天の日に、ジョンはさいだ家の一員となった。年季の入った山谷活動車に、六人のジョンの付き人。笑顔のさいだ先生ご夫妻と、二匹の愛犬たちの歓待。さいだ家のぐりあとあくびはジョンとは同世代だが、元実験動物だったりとそれぞれ過去を背負っており、さいだ先生が連れ帰った犬たちだ。三匹は、鼻をつき合わせたり、匂いをかぎ合ったり、それなりに犬流挨拶を展開している。

「本当にありがとうございます」と、ジョンの付き人六人で頭を下げた。

このあと、律儀なさいだ先生は忙しい病院業務のなか、ジョンの短い日記メールを支援活動の仲間たちやわたしに送ってくれるようになった。「血液検査をしました」「シャンプーしました」「明日ワクチンを打つ予定です」などなど、メッセージといっしょにジョンの写真が届く。写真の題名は「斉田ジョン」になっていた。

「ジョンくん、クマみたいってことで、みんなからジョン熊五郎と命名されてしま

いました」「今日は一緒にお昼寝しました。顔をベロベロ舐めてくれて。また少し仲良くなりました」

病院の受付でくつろいでいるジョン熊五郎の写真には、多幸感が漂っていた。

仲間たちは、ジョンの面倒を見てきたYさんに、写真を見せてくれていた。安心しきって、スヤスヤ寝ているジョン熊五郎の姿や、ぐりあ、あくびとジョン熊五郎のスリーショットに、Yさんもとても喜んで安心してくれたそうだ。十年以上、隅田川の桜吹雪を眺めてきたであろうジョンは、熊五郎として、藤野の風に遅れてくる桜をぼんやり感じているだろうか。

「熊ちゃん。もうすっかりうちの子です。ちょっとボケてきちゃってるけど、ゴハンはよく食べるし」

ジョン熊五郎はとても運がいい犬だ。「ジョンを生かしたい」という皆の思いが怒涛のようにあふれ出し、それをしっかり受け止めたさいだ先生ご夫妻がいる。老齢犬の里親になってくれる人は稀である。ご夫妻のやさしさは、ジョン熊だけではなく、山谷で活動している仲間やテントで暮らしている仲間たちにも向けられている。くつろいでいるジョン熊五郎の写真に、思わず手を合わせた。

第3章 Many rivers to cross

野宿仲間と越えていく壁

桜のなかのお別れ

信州のMさんの死

「Mが倒れたよ、緊急入院になった」

隅田川テラスから長野へ旅立った女性二人組のうちの一人、ゆうちゃんから電話が入ったのは、桜が咲き誇る二〇〇九年の三月の末だった。

「お医者さんからは、もう危ないと言われているの。腎臓も心臓も、全部だめみたい」

「動物の看護師さんになりたい」とMさんが照れくさそうに話したのは、二〇〇五年の秋の隅田川医療相談会のときだった。

「こんなことでは負けないから、必ず帰るから、待っててね！」

Mさんは、三月末に救急車で運ばれるときに、ゆうちゃんにそう言った。ここからMさんの入院生活が始まる。そして、ゆうちゃんの献身的な看護の日々も。

ゆうちゃんはスナックの仕事を辞めて、チラシ配りなどのアルバイトで生計を立てていた。Mさんは体の不調から、ゆうちゃんに面倒を見てもらう日々が続いた。しかし倒れる直前まで、彼女は頑固に病院行きを拒否していたらしい。医療費を気にしたのだろう。ゆうちゃんにこれ以上負担をかけてはいけないという、彼女の気遣いだった。

「お医者さんには、今日、明日で厳しいかもしれないと言われた。でも、Ｍはがんばってる。わたしはＭの生命力を信じようと思う」

ゆうちゃんは気丈だった。毎日、病院に自転車で通い、三十分おきに血圧をメモし、帰宅後は猫たちの世話をし、病院から電話がくるかもしれないからと、お酒も飲まずにスタンバイしていた。わたしも毎日のように電話で容体を聞きながら、何もできない自分がもどかしかった。

二〇〇九年四月十六日。思いきって日帰りで彼女たちの住む上田を訪ねた。駅まで迎えにきてくれたゆうちゃんはちょっと疲れた顔をしていたけれど、「Ｍが一番つらいと思う、Ｍががんばっているんだから、私が弱音を吐いてはいけないの」と毅然《きぜん》と言い、そして「猫たちがいるもん」とつぶやいた。

病室のなかで、Ｍさんは静かに目をつむっていた。酸素マスクやさまざまなチューブが取りつけられていたけれど、穏やかな顔をしていた。モニターがいろんな数値を示している。「Ｍちゃん、来たよ、わたし」と髪の毛をなでても、反応はなかった。四年前、秋に黄金色の光を浴びながら三人で散歩したこと、猫たちとたくさん記念撮影をしたのが、ついこのあいだのように思い出されるのに。ゆうちゃんは、立ちすくんでいるわたしの横で、せっせとMさんの顔をふいたり話しかけたりしながら、面会時間終了までずっと落ち着いた様子でつき添っていた。面会のあと、彼女たちのアパートに立ち寄った。猫たちのかわいい顔を一匹ずつ確認させてもらった。ちーは思いきり頭をすりつけてきた。

「また来るからね、また会おうね」

それしか言えなかった。

Mさんの入院生活のちいさな灯火《ともしび》になったのは、彼女たちが隅田川にいたころに保護した、やんちゃな雌の三毛猫・ピッピの里親を世話した八丈島の動物看護師のチアキちゃんと、里親になったえみさんだった。えみさんは、今や大人になったその猫パトラ（ピッピ改め）の麗しい写真を送って励ました。チアキちゃんは、ゆうちゃんとMさんの抱えている猫たちのことを親身に心配して、あれこれと助言をしてくれた。皆が彼女たちと猫たちにエールを送っていた。

四月二十五日の夕刻。わたしの携帯電話が鳴った。

「Mがね、亡くなりました」

東京は激しい雨だった。

翌日、上田へ向かった。風が強い夜だった。緑のいい匂いがする。駅でわたしを待っていたゆうちゃんが、いつもよりちいさく頼りなく見えた。泣き腫らした目をした顔で、それでも、精一杯「ありがとう！　来てくれて！」とわたしの肩をぽんぽんと叩いた。なんと言っていいのか分からなかった。三年前までゆうちゃんが働いていたスナックのママさんがゆうちゃんといっしょに待っていてくれた。

「お久しぶりです。東京からお疲れさま」

丁寧に頭を下げてきた。

「こんな形でまきちゃんと再会するなんて。本当に急だったね……」

彼女はすでにスナックをたたんでいて、今は大きなスーパーで働いており、結婚も決まっているという。スナックを辞めたあとも、ずっとMさんとゆうちゃんと交流があったのだ。彼女の車でMさんが安置されている斎場へ向かった。

お線香の香りのなか、Mさんは安らかな顔をして眠っていた。にぎやかな隅田川医療相談会での出会いから、順番に思い出をたどった。そういえば、猫たちを抱っこしているときのMさんは、お母さんみたいな顔をしていたなあとか、いつもはゆうちゃんに甘えて駄々っ子みたいなところもあったなあとか。まめにくれるメールや手紙。すべてが本当に懐かしかった。手を合わせながら、「お疲れさまでした。ありがとう」と心から思った。

その晩、ゆうちゃんとお酒を飲みながらいろんな話をした。

東京で彼女たちが放浪していたころ、もう手元に五円しかなくなって何日も食べられなかったとき、偶然拾った百円玉でパンを一つ買い、それを二人で半分にして食べたのが本当においしかったこと。また、隅田川テラスでテントの皆と食材を分け合ってつくる料理の話や、はなちゃんとハッピーの話も聞いた。

「あのとき、本当に皆にお世話になった。隅田川医療相談の卯女《うめ》先生（人間を診る医師）や看護師さんたち、支援活動してる人たちやテントの仲間。皆がいなければ、わたしもMも生きられなかったんだよ」

夜中になってもなかなか寝つけなかった。猫たちはいつもは静かなのに、この晩は皆がミャアミャア鳴き続けた。Mさんがこの世から去っていったのを、猫たちも分かっているに違いない。

翌朝、窓の外には青い青い空が広がっていた。

「大変大変！　子供たちが、今こっちに向かってるって！」

ゆうちゃんの声で飛び起きた。

（上）ちーとなかのさん。
（中）Ｍさんとゆうちゃんが保護していた猫。
（下）長野県・上田の風景。

「ええっ！　Mちゃんの子供たちでしょう？」

「うん、施設にはMが亡くなってすぐ連絡したんだ。ああ、よかった！　よかったよ！」

ゆうちゃんが泣きそうな顔になった。

Mさんには三人の子供がいて、埼玉の児童福祉施設で生活していることは隅田川時代から聞いていた。写真も見ていた。朝の八時半に埼玉を出発したらしい。二人とも大慌てで着替える。わたしもボサボサの髪をそのまま結んで、飛び出した。

「待っててね！」

猫たちは一瞬、静かになった。

「子供たちに会いたいって、M、いつも言ってたの。いつかいっしょに暮らしたいって、ずっと言ってたの」

ゆうちゃんが、道中話してくれた。

斎場に着くと、すでに施設の車が到着していた。施設の園長先生とスタッフ、そして三人の子供たちが静かに車から降りてきた。

「こんなに大きくなって！　こんなに立派になっちゃって！」

ゆうちゃんは、ぼろぼろと涙を流した。子供たちからは、Mさんとゆうちゃん宛てに年賀状が毎年届いていた。

一番下の小学生の女の子が大事そうに数枚の写真をMさんの枕元にそっと置いた。一番上の男の子は十八歳だった。施設を卒業して四月から働いていたのだが、仕事を休んできちんと正装してMさんに会いにきたのだった。

「この世ではね、あなたは生きづらかったかもしれないけれど、どうか天国から子供たちを見守ってあげてくださいね」

園長先生がMさんに話しかけた。ゆうちゃんは号泣していた。わたしは立ちつくしていた。髪を二つに結った真ん中の中学生の女の子が、わたしにぺこりと頭を下げた。Mさんに似ていた。わたしもおずおずと頭を下げた。三人の子供たちは、Mさんにお別れをして、斎場をあとにした。

出棺は二時だった。二十人近い人たちが集まり、棺《ひつぎ》に花を入れた。「そういえば、Mさんは今年の桜の花は見ていないんだなあ」とふと思った。棺に入れられた花は、色とりどりで、きれいだった。焼き場へ向かう人たちのなかに、一人として親族はいない。わたし以外は皆、彼女たちの上田での友人だ。Mさんを見送りに今日、駆けつけた仲間たち。

Mさんがお骨《こつ》になって姿を現すまで二時間もかからなかった。白く乾いた骨を拾う間も、ゆうちゃんは気丈だった。ぼんやりしながら「骨は清潔で静かなものだ」という村上春樹の小説の一文を思い出していた。なんとなく骨にも花を飾りたいと思った。

泣きたいほどのいい天気。お墓は、山の上。新緑が風に揺れている。

無縁仏の墓は、その墓地のてっぺんの一番見晴らしがいい場所にある。すぐ後ろは緑の林だ。「絶景だね！」と思わず叫んでしまう。上田の街と周辺の山々が一望できる、清廉な場所所。納骨堂には、たくさんの「身元不明」と書かれた骨壷が並んでいた。大阪・釜崎で先日聞いた話がふっと頭をよぎった。

「大阪の西成では、年間一五〇人もの人が、路上で亡くなるんです」

路上で亡くなる人たちの多くが、身元不明で無縁仏として葬られている。けれども、地上に生きている人や動物たち、生きものはすべてたしかに存在していた「実存」だ。「生きていた」という事実は、空が、大地が、時間が、きちんと記憶しているのだと感じる。

Mさんの場合はたくさんの友人たちが見送ってくれている。ずっとMさんを大事にして苦楽を共に生きてきたゆうちゃんがいる。Mさんを大好きだった猫たちがいる。いっしょには暮らせなかったけれど、すくすくと育った子供たちがいる。

「無縁」ではない。皆、縁あるところで、しっかりと命を紡いでいるのだと思う。

「あれ？　桜」

帰り道、ふり返ると延々と連なる山並みのなかに、ちいさく薄いピンクの塊がところどころに見える。

「山桜だね、きっと」

スナックの元ママさんが運転しながら答えた。Mさんは桜を見られたな、と思った。

ちーと猫たちに挨拶をして、わたしは彼女たちの思い出のアパートをあとにした。

「がんばって生きていこうと思うの。ここで。上田で。Mに心配かけちゃだめだと思う」

わたしを駅まで送ってくれながら、ゆうちゃんは、この二日間の緊張が解けたのだろう、ぐしゃりと泣き崩れた。

「また、隅田川医療相談会の皆にも、きちんと挨拶にいきたいな。Mが残していったあの子たちを幸せにしたいと思う」

あの子たちとはもちろん、ちーを始め、複数の猫たちだ。猫たちはすべてMさんが引き取っていた。会えなかった実の子供たちの代わりのように。

「また来るね、また会おうね」

ゆうちゃんもわたしも、お互いが見えなくなるまで大きく手をふった。

百年に一度のことをしよう

若者たちの挑戦

小学生のときに見た映画「キタキツネ物語」。この映画は一九七八年に制作された日本映画である。親ギツネたちと五匹の子ギツネたちが繰り広げる生と死と愛のドキュメント。流氷を渡って北海道の原野にやってきた冒険家の雄ギツネ、フレップ（アイヌの言葉で太陽）が、美しい雌ギツネと恋に落ち、かわいい子ギツネたちに恵まれる。しかし、そこからの過酷な子ギツネたちの運命に、十歳の私は言葉を失った。

キツネは両親で子供たちを愛情深く育てる動物だが、子供が大きくなると、親は突如豹変してテリトリーから子を追い出すのだ。この行為は「子別れの儀式」として有名だが、子ギツネたちに課せられたこの厳しい試練は当時子供だったわたしには重くて衝撃的だった。

追い出された子ギツネたちは、人間のしかけた罠で絶命したり、獲物をうまく捕らえることができず、栄養失調で死んでいく。誰かが保護してくれるわけでもなく、自分の命を自分で守らなくてはいけない。厳しい冬も、人間という最大の天敵も、目の前に立ちはだかるさまざまな障がいを、自らの知恵と力で乗り越えていかなくてはならないのだ。○キロに満たないちいさな体で。

「百年に一度の大不況なら、百年に一度のことをしたいよね」

野宿仲間の犬を病院へ運搬する車中、ドライバーのよしださんがぽつんと言った。

よしださんは、まだ二十歳代後半の女性だが、すでに五年以上山谷の野宿仲間たちと共に闘う活動を続けている。住居も山谷付近に構え、路上やテントで生活するおじさんたちからも人望が厚い。

彼女と初めて会ったのは、今から五年前の隅田川医療相談会だった。重い荷物を野宿仲間たちといっしょに運びながら、汗を流して働いていた。まだ少女の面影のある彼女が、タオルを首に巻いて仕事をしている様子が印象的だった。その後、不妊手術のために猫たちを動物病院へ運ぶときも、いやな顔ひとつせずに車を出してくれていた。当時、彼女はまだ運転免許を取ったばかりだった。

野宿仲間たちといっしょに取り組む活動現場のなかで、よしださんのように、大学を出て正規就職をせずに、活動に明け暮れる若い女性はそんなにいないだろうと思う（学生のボランティアは案外見かけることもあるけれど）。よしださんには何か自分の生活をも省みない活動家魂のようなものを感じていた。野宿という問題の解決への糸口を、彼女はどこに見出しているのだろうかと、気になっていた。

「二〇〇五年の八月二日だったかなあ。隅田川の花火大会が終わったあたりです。仲間たちが寝場所から追い出されたりしないように、隅田川に架かる桜橋の下で、集団野営を始めたんです」とよしださんは静かに話し始めた。

集団野営……それは、追い出しや襲撃から身を守るため、野宿仲間たちが一ヶ所に集まり、集団で野宿することだ。

「活動してる人も、野宿の仲間たちも、皆で集まって。最初は数名だったけど、いつの間にか三十人ぐらいに増えていました」

皆でダンボールを敷いて寝るというこの集団野営の実践は、翌年二〇〇六年の三月まで続いた。

よしださんは若い女性であるにもかかわらず、それに抵抗がなかったという。むしろ、「あの集団野営が、本当に自分の糧《かて》になっている気がする」と、やわらかく言いきった。

「野営を始めたころ、自分自身、世の中に適応できないのではないかというだけではなく、世の中を変える運動にも適応できないのではないか、という思いで、気分的に下がっていました。あのころ、まさに世の中の格差が拡大してきたときだったかなあ。世の中の命のきり捨てが顕著になって。住みづらい世の中で。そのなかで、行政との闘いも勃発してきた」

当時、隅田川テラスに住む仲間たちを強制的に退去させる行政側の圧力が大きく、それに対する野宿仲間や活動家たちの反発も日に日に強まっていった。よしださんは、闘いの最前線に立って抗議の声を上げていた。知的でおっとりした印象のあるよしださんが、あのときは別人のように見えた。かたわらでは、犬のハッピーが威勢よく吠えていた。

「でもね、野営をやっていて、行政との闘いだけがこの活動の目的じゃないんだなあって思ったの。温かく受け入れ合う空気というのかな、人が大事にされるような空間にしようという場所づくり。こういう場がね、世の中を変えていけるのではないかなって思ったんだ」

皆でアルミ缶を集めて換金し、そのお金でコーヒーを買う。これから路上に出てくる仲間のために、テントを設置する。そこに支援者も当事者もない。ボスもいなければ老若男女も関係ない。

それこそが、皆（野宿仲間だけではなく活動に携わる仲間も含め）に幸せな風を連れてくるという展開を、よしださんは現場で体感したのだと思った。

野宿仲間とその家族動物とかかわる活動のなかで、よしださんのような若い世代との出会いは、わたしの励みになっている。そして、この活動において、心強い若い仲間がもう一人いる。

「おーちゃん、お願い！　手術が必要なんです」

わたしがピンチのときに、ＳＯＳを送る先がある。〝おーちゃん〟こと、太田快作先生は三十歳になりたての、よしださんとも世代の近い若い獣医師だ。この二、三年で野宿仲間からの不妊手術の要請が増えた。手術について技術も設備も麻酔薬もないわたしは、お金を払ってほかの獣医師に頼むしかないのだが、もう自分のお金も尽きていた。だが、要請を断るわけにはいかない事態だった。

「やりましょう！　俺がやります！」

頼もしい一言がいつも間髪いれずに太田（以下おーちゃん）先生から届く。

おーちゃん先生との出会いは八年ぐらい前にさかのぼる。彼とわたしとの最初の接点は、大学の実習で使われる実験動物のことについてだった。

わたしは、獣医学生時代、なんとか実験動物を殺さずに学習できないかと暗中模索していた経験がある。卒業論文も「教育現場における動物実験代替法の導入について」書き、学会で発表するかたわら、同じ思いを抱く獣医学生たちに呼びかけた。「実験動物を殺さなくても、世界中の獣医学生や医学生が、学び、卒業し、獣医師や医師になっています」と。それにがっちりと呼応してくれたのが、当時まだ学生のおーちゃんだった。

彼は本州の最北端にある大学の獣医学生だった。金色に染めた髪に、ジャージの上下に便所サンダル。その容貌にたがわず、彼はとても心がかっこよかった。学生たちの実習に使われる犬たちの境遇に心を痛めていた。その犬たちは、当時、暗い檻のなかでしょんぼりと生きていた。実験用という十字架を背負わされて、人に愛されることもなかった。なんとかしたいと思った彼は、実験用の犬のために「犬部」というサークルを立ち上げ、その待遇改善に孤軍奮闘していた。それだけでなく、地元の不用犬と称される殺処分を目前にしたたくさんの犬たちを引き取り、里親を探した。当時のおーちゃんのアパートを訪ねると、いつも謎の犬たちが走り回り、室内をひっかきまわして破壊していたのを思い出す。おーちゃんは、それを見て、しつけもしながらにこにこしていた。

彼は、卒業後は臨床獣医師として東京に戻った。動物たちを殺さない方法で大学の外科実習をクリアした彼も、今は毎日、手術をしている。卒業後、五年未満ではあるが、彼の手術した動物の数は千匹を軽く超える。

「太田先生なら安心です」と野宿仲間も言うほどの腕前だ。

「日本国内の開業獣医がそれぞれ月一匹でもいいから、無償で不妊去勢手術を行うようなことはできないのかなあ」

アパートに動物たちを連れて入った元野宿の飼い主さんの元に、不妊去勢手術を施した犬猫総勢六匹を運搬する車中で、おーちゃん先生がこんなことをつぶやいたことがある。

「犬猫の里親探しや不妊去勢手術問題で、大変になってる人たちはいっぱいいる。でも、その人一人が負担を負うのはおかしい。皆で解決する問題だと思う。捨て犬や野良猫、野宿の人たちが世話している動物の問題は、社会全体の問題ではないのかな。大きな意味で、彼らはこの社会の犠牲者じゃないのかなあ」

おーちゃん先生は、渋滞の道路のなか、訥々《とつとつ》と語った。

「飼い主、餌やりをする人、公共の動物管理センターや保健所だけに責任をかぶせるのはおかしいと思う。それは誰かが一人で負担するものでも、特定の誰かがお金をもらってやることでもなく、この社会に生きる皆で協力して、できることを出し合って解決していくべきことではないのだろうか。俺が、野良猫や野宿の仲間が世話してる動物を引き受けるのは、別にボランティアがしたいのではなく、この社会で、動物たちとそれを愛する人々のおかげで生きている獣医師として、最低限の責任で、当たり前のことだと思っているからなんだけど」

彼の言葉に、わたしは思わず涙が出そうになってしまった。こんな若い獣医師が、もっといてほしいと思った。そして、志のある獣医師たちが連携していけば、五年後、一年後、日本の動物事情も大きく変わっていくだろう。そうであってほしい。

これからの時代を担っていく若い世代。「なんとかしてほしい」と窮状を訴える若者ばかりではない。「なんとかしようよ」と行動する若者もきちんと存在している。よしださんも、おーちゃん先生も、決して裕福な暮らしはしていない仲間たちだ。フリーターと呼ばれる若手たちも、あちこちで組合をつくったりしながら、世の中に対抗する動きが見られている。「なんとかしようよ」と。

「キタキツネ物語」の最後のシーン。さまざまな試練に遭いながら生き延びてきた子ギツネのシリカ（アイヌ語で「大地」）は、人間と猟犬に追われる妹ギツネを目撃する。シリカは、妹を救うため猟犬の前に飛び出していく。ちいさなキツネに勝ち目はないのに。妹は銃弾に倒れ、シリカは猟犬との闘いで片耳を失う。妹を救えずに悔しさで疾走するシリカは、父親のフレップと再会する。つかの間の大喜びの戯れのあと、フレップは息子のシリカに、自分のテリトリーである大地を譲り、自らは流氷を渡り、去っていく。

子ギツネに託されたのは、大きな大地だ。ここで生きなくてはいけない。自身が生き抜く力も、仲間を思う気持ちも、全部、ちいさな肩にかかっている。自分が生きなくてはいけない。でも、いっしょに生きる仲間のこともなんとかしたい。

「百年に一度のことを……」とつぶやいたよしださんも、おーちゃん先生も、組合を結成する若者も、自分のためだけではない、社会を、世界を変えたいのだ。みんなが共生できる世の中に向けて。差別のない世界に向けて。そしてそれをちゃんと見守って静かに応援してくれているたくさんの親ギツネもいる。

「どうか、百年に一度のことを思いきりやってください……」と親になりきれないキツネ（タヌキ？）は心から祈るのである。

なぜ暴力が起きるのか

動物虐待と野宿者襲撃

「ボン、亡くなりました」

隅田川テラスにテントで暮らす鈴木さんから電話があったのは、二月初旬だった。

「殺されました」

「ええっ？」

わたしは耳を疑った。数日前の夜に、ボンの往診に鈴木さんのテントを訪れたばかりだったから。「鈴木さんのところの猫のボン、具合悪いみたいなの。だいぶ痩せてきてるみたいで」と、野宿仲間の支援活動家から連絡をもらい、夜分にテントにお邪魔したのだった。ボンはすでに二日前、近所のおばさんに連れられて動物病院で検査を受けていた。

「白血病で、きびしいみたいで」

鈴木さんはろうそくの灯りのなかで静かに語った。ボンはキジトラの大柄な猫だ。何年も隅田川のテントで暮らしてきた。鈴木さんの猫というわけではなく、以前ほかの野宿仲間が世話していたのだが、その方が隅田川テラスを離れることになり、鈴木さんが世話を引き受けた。ハッピーやジョン同様、仲間たち皆に愛されてきたテラスの人気者のしっぽつき野宿仲間である。ボンは目をつむりおとなしく点滴に応じた。鳴きもせず、いやがりも暴れもせず。「ボン、がんばれよ、がんばれよ」と鈴木さんは静かに声をかけていた。

「じゃあ、またすぐ来るからね」と約束して隅田川をあとにした、数日後の電話だった。

「なぜ殺されたの⁉」

「テラスの上の道からね、落とされたんだ。ほかの仲間が目撃している。そのまま亡くなってしまった。今日、埋葬してきたよ」

力なく語る鈴木さん。なんと言っていいのか。慰めようがなかった。直後に、体内の細胞が発火するような怒りが込み上げてきた。ボンが元気だったら、くるっと回転して、すたっと着地できたかもしれない。でも、それができる体力はなかった。見るからに弱って痩せているボンに、そんな仕打ちをしたのは、どこの誰だというのだろう。いったいどんな心境でそんなことができたのだろうか。その後、はなちゃんのテントで、鈴木さんと三人、ハッピーもまじえて、ボンのお通夜をした。

「ボンはよ、いい猫だった、いい猫だったよ。ハッピーとも仲良しでよう」

はなちゃんは、少し泣いていた。

「ひどいことをするやつは、いるんだなあ」

鈴木さんや隅田川テラスに住む仲間たちから話を聞き、猫への虐待は今回が初めてでないことを知った。半年以上前、深夜の隅田川テラスに若者の集団が現れ、人懐こく寄ってきた猫をなでたりしたあと、いきなりその猫を隅田川に投げ込んだのだという。幸い猫は自力で川岸に前脚をかけて、駆けつけた鈴木さんが引き上げて助かった。

「そいつらには怒鳴ったよ、もちろん。でも、逃げていった」

「動物に起こる虐待はその後必ず人間にも起こる」といわれる。確かに近年、野宿仲間をターゲットにした襲撃がさまざまな形で起きている。荒川河川敷でもテントを荒らされた仲間がいる。テントのなかにロケット花火を打ち込まれた仲間もいる。果ては、暴力、そして殺人。

ボンの死に暗澹《あんたん》とした気持ちになっていたときに、カタヤマさんや大阪の野宿仲間たちからある人物の噂を聞いた。「『野宿者ネットワーク』の生田さん。「彼は、野宿者襲撃について詳しくて、野宿仲間と暮らす動物にも理解のある人だよ」と。

「野宿者ネットワーク」は、大阪市内を中心に活動している団体で、野宿仲間の生活相談、夜回りパトロール、各種支援活動を行っている。生田武志さんはこの団体の代表を務めている人である。生田さんが初めて釜が崎を訪れたのが、一九八六年。彼がまだ大学在学中のことだ。そのころは、早朝から「手配師」と呼ばれる、日雇い労働者に仕事を斡旋《あっせん》する人々がずらりと車を並べ、土木現場や建設現場などの仕事場へ労働者を連れていくということが日々行われていたという。当時は日雇い労働者を必要とする現場がまだまだあった。それでも、高齢の人や体が弱そうな人などは、仕事からはねられていたそうだ。九〇年代に入ってバブルがはじけると、そうした仕事が激減した。生田さんは、大学卒業後は日雇労働者として釜が崎に身を置き、二十年以上もそこで働きながら、野宿問題の現実を知らせる本を執筆し、各地で講演活動を続けてきた。その生田さんと話をする機会を得た。野宿問題について話しているうちに、動物の虐待事件にも話がおよんだ。

「大阪の西成区の公園でも、猫の虐待事件がまたあったんですよ。おなかを裂かれて殺されていたのが発見されました」

生田さんの表情が、暗くなった。わたしは一瞬、具合が悪くなった。その猟奇性にぞっとしたのだ。隅田川テラスでのボンの虐待死の一件が頭のなかをちらりとよぎった。それと同時に昨年、大阪のアニキ津田くんから聞いた話を思い出した。やはり西成区の路上で、ちいさな釘を仕込んだキャットフードがばらまかれていた事件だ。野宿のおじさんがその釘入りのフードの現物と、さらにその釘を飲んで亡くなった猫の死体をもって、西成警察署に出頭したらしいが、捜査にも至っていない未解決の事件である。

現在、動物虐待行為については、「動物愛護法」という法律の第四四条において、「一年以下の懲役又は百万円以下の罰金」という罰則が科せられている。動物虐待は、犯罪なのだ。しかし現実には、各地で虐待事件が相次いでも、逮捕には至らない。犯人が捕まるのはごくまれだ。野宿者襲撃事件についても、同様のことがいえる。

生田さんが活動を続けるなかで遭遇し立ち会ってきたさまざまな野宿者に対する襲撃事件について聞いた。四人の高校生たちに暴行を加えられて内臓破裂で亡くなった野宿仲間。彼らは「格闘ゲームの技を試し、日ごろのうさを晴らしたかった」と語ったという。リヤカーで寝ているところに全身にガソリンをかけられて火をつけられた野宿仲間。彼は幾度もの手術に耐えて一命は取りとめたが、後遺症が残り現在は一級障がい者である。犯人はまだ捕まっていない。数名の中学生たちによる花火やカンシャク玉による野宿者襲撃。このほかにも、エアガンの連射や缶やゴミの投げつけなどの野宿者襲撃は枚挙にいとまがない。

そして、この野宿者襲撃のほぼ九五パーセントが、十代の少年グループによるものなのだという。

「野宿者や動物にターゲットが向くこと、たぶん根っこは同じだと思うのですが、生田さんはどのように考えていらっしゃいますか？」とたずねた。

生田さんは、きっぱりとした口調で言った。

「もちろん、虐待も襲撃も許される行為ではありません。それを前提にしてですが、そのような行為をしてしまう若者たちを取りまく環境や社会にも問題がありますす」

野宿者襲撃の裏側には子供たちの親による野宿者への偏見があるのではないかという。多感なときに、鬱屈《うっくつ》した感情が爆発してしまうことは、誰にでもあるだろう。でも、そのターゲットに野宿者や動物を選択するというのは、そこに、ひとつの共通項がある。それは、「自分よりも肉体的・社会的に弱い命」に暴力が向かうという点だ。筋肉隆々の格闘家にかかっていくことはないし、大きな土佐闘犬に虐待行為をしようとする若者はいないだろう。しかも、その行為は一人ではなく集団で行われる。これは、学校内での「いじめ」についても同じことがいえるのではないか。

「人や動物を傷つけなくては生きていけない、というのはある意味極限に追いつめられた精神状態ともいえるのではないでしょうか」

　生田さんの指摘に、野宿者襲撃事件の根深さを感じた。誰かを傷つけてしまう人もまた、自身が深い傷を負っているのだ。

　終始、穏やかに冷静に話す生田さんだったが、彼の心の奥の熱さが感じられた時間だった。お話をうかがったのは、ある大学のキャンパスのなか。多くのおしゃれな大学生たちが、楽しそうにおしゃべりをし、笑い合っている食堂だった。そのなかで、彼らと同世代でもある「若者による野宿者襲撃」の話をしている、というのは奇妙な感覚でもあった。でも、この同じ時間に日本のどこかで、動物虐待を考えている人がいて、襲撃に怯える野宿の仲間たちがいるのはまぎれもない事実なのだ。

　法律による罰則だけでは、虐待や襲撃を止めることはできないだろう。誰かを傷つけなくては生きていけない人もまた、どこかで救いを求めているのに違いない。そんな一人ひとりを周りが放棄しないこと……それは口で言うのはたやすいけれど、もっとも難しい課題なのかもしれないと思う。

若い世代へ伝えたい

野宿問題の授業

「どうして野宿をしているの？」

「なぜ働かないの？」

「ホームレスは汚いし、怖いというイメージがある」

大阪・釜が崎を中心に活動する野宿者支援グループ「野宿者ネットワーク」の代表・生田武志さんを始めとするメンバーたちは、二〇〇一年から全国の中学校や高校などに出向き「野宿問題の授業」を行っている。野宿者が野宿せざるを得ない状況、若者たちによる野宿者への襲撃問題、社会システムの問題を含め、若い世代に野宿仲間たちの現状と真実を知らせ、身近な問題として捉えてもらうことを目的としている。

授業をする前に子供たちに「野宿者についてのイメージや疑問」をたずねると、冒頭のような率直な言葉が並ぶそうだ。しかし、授業が終わったあとの感想はまったく違うものになっていることが多いという。

あるとき、生田さんが講師に招かれたクラスでこんな感想を書いた生徒がいる。

「私は最初、野宿者と聞いて、こういうふうにはなりたくないなとかちょっといやだなと偏見を持っていました。しかし生田武志さんの話を聞いて一八〇度といっていいほど考え方が変わりました。京都でクビになった人が、盗みもできないからキリスト教会で助けを求めて釜が崎まで来たという話で私の偏見も崩れましたが、一番は捨てられたペットを飼っていると聞いたことです。その野宿者の人の小屋の前にペットを置いて去った身勝手な飼い主もどうかと思いますが、それに便乗してどんどんその野宿者の人の家の前に置くほかの飼い主の身勝手さが許せなかったけれど、どんどんペットが増えていくのに飼ってあげるというやさしさが私の偏見を崩してくれました。」

「今回の授業で一番驚いたことはホームレスの人たちの性格は真面目な人が多いということです。ホームレスになった理由で今まで自分ががんばらなかったからホームレスになったと一概にはいえなくなったと思います。それにやさしい人が多いことにも驚きました。自分のことで精一杯だと思うのに他人や犬猫にもやさしくできるなんて僕はすごいと思います。やはり人とのつながりが大事なんだなと思いました。」

野宿者に対する子供たちの偏見は、親を含めた大人たちから一方的に聞かされた誤った情報によるところが大きいのではないかと感じる。偏見や誤解を子供たちに植えつけてしまうのも大人だが、「本当のこと」を伝えて若い世代に分かってもらう、偏見を解いてもらうきっかけをつくるのもまた大人の仕事かもしれない。生田さんはジャーナリストの北村年子さんらと共に二〇〇八年「ホームレス問題の授業づくり全国ネット」を立ち上げた。ここではメーリングリストなどを活用し、現在では全国の三百人もの教員や活動家が参加して活発に情報交換を行っている。事実を生の声で若い世代に伝えていくことはとても重要だと思う。

先日、駿台予備校の市ヶ谷校において、ちいさな講義をする機会をいただいた。これまでわたしが若い人たちに講演してきたのは、「実験動物の福祉」だったり「違法取引される野生動物」の話だったり、動物保護に限定されたものばかりだった。しかも講演を聞いてくれるのはもともと動物たちの問題に関心のある獣医学生や生物専攻の学生が中心だった。しかし、今回は「野宿者と動物の話」がテーマである。対象は、国公立大学の医学部をめざす若者たち。駿台予備校市ヶ谷校の医学部コースといえば、超難関大学の医学部合格者の三割を輩出するといわれるエリートクラスだ。正直、少しひるんでしまった。

そっと教室に入ると、お昼休みを活用したプチ講義ということもあり、お弁当や食堂から持ってきたごはんを広げている姿が目立った。お昼ごはんを食べながらの聴講ならこちらも少し気楽かもしれないと、小心者のわたしは不謹慎ながらも思ってしまった。

ところが、である。最初は点々としか人がいなかった教室が、講義直前になると学生で埋め尽くされた。百人を超えている。あどけなさの残る、賢そうな顔、顔、顔。

「こんにちは。今日はホームレスと呼ばれている人たちと、彼らと暮らす動物たちのお話をしたいと思います」

時間は四十五分。前半はスライドを見てもらいながら、隅田川医療相談会や荒川河川敷の話をした。スライドに登場するのはもちろん、はなちゃんやハッピー、遠藤モモちゃんや、カタヤマさんのゴンやオンなど、自分にとって思い入れのある長いつき合いの仲間たちだ。話しているうちに、彼らと過ごした四季折々の光景が頭のなかをぐるぐると巡った。後半は、「どうしてこんなにいい人たちが野宿になっちゃうの？」という話をした。

ふと教室内を見渡すと、水を打ったように静かになっていた。昼下がり、お弁当のいい匂いがたちこめる教室で、箸を休めてスライドを見てくれている学生たち。私語はまるでない。メモをしながら、一生懸命聞いている。かなり汗だくになって講義は終了した。

「質問はありませんか？」

かたわらで見守ってくれていた駿台の先生が学生たちに声をかける。

「はい」

眼鏡をかけたまじめそうな男の子が手を挙げた。

「ぼくたちにできることはありますか？　たとえば話のなかに出てきた医療相談会に行ったときに、学生は何ができますか？」

「医療相談会では、医学生も参加しています。そして彼らは今、お医者さんになって、また野宿の現場に戻ってきて、ボランティアでがんばっています。野宿仲間に問診を取る、それもお医者さんの卵の学生がやるのは、とても大きな意味があると感じています」

講義終了後、機材を片づけていたら、何人もの学生たちが集まってきた。

「ぜひ現場に行きたい」

彼らは口々にそう言った。

そのなかで、ひかえめに声をかけてきた女の子がいた。茶色く髪を染めた、小柄でかわいらしい子だった。

「あの……。駅でうずくまっているホームレスのおじさんがいたんです。どうしたらいいか分からなくて、とにかくおにぎりを買っていったの。でも、どうやって渡していいのか分からなくて、目の前に置くことしかできなかった。声をかけて渡すべきだったのか、自分はその人に失礼なことをしてしまったのか、悩んでいたんです」というのである。

野宿の仲間に対し、おにぎりの渡し方一つで悩んだという彼女の繊細なやさしさに、思わず声を上げた。

「あなたみたいな子に、ぜひお医者さんになってほしいです！」

都会の大きな駅。多くの人が行き交い、他人のことには無関心そうな空気のなかで、彼女は野宿のおじさんを見つける。たった一人で、周りの目もあってどうしようと思ったかもしれない。でも彼女の決断は、心のなかで思い悩むことよりも「なんとかしたい」という確かな行動につながる。

「おじさんは、おにぎりを見て、ありがとうと言ってくれた」

彼女はそっと話した。

「そう、それは絶対におじさんはあなたを忘れないよ、たぶん相当うれしかったんじゃないかなあ」

わたしは、そう言う以外に言葉が見つからなくて、頭を下げた。

予備校を出ると、夏を連れてくる風が吹いていた。心地よさに目を細めた。

その後も、別の学校で「野宿仲間と動物たち」の講義をする機会を得た。

わたしは普遍的な事実や理論を話すのは、とても苦手だ。ただ自分の実体験を伝えることしかできないかもしれない。でも、しどろもどろになってしまうわたしの横には、スライドのなかでにっこり笑っている野宿仲間と彼らの大事な家族動物たちがいる。わたしは、「彼ら」といっしょに講義をしているのだと思う。

数十分に満たない、つたない話を聞いた若者すべてが、野宿仲間と彼らの家族である動物たちの現状を理解してくれるとは思っていない。しかし、何かちいさなきっかけにつながっていけばいいなと願う。まず、現実の社会のなかで、彼らが実際に野宿仲間たちと出会う場面のなかで、いわれのない偏見が生じることがなくなっていってほしい。そして、前述した女の子のように、もともと野宿仲間たちの現状に心を痛めている若者が、やさしい勇気を続行してくれることにエールを送るような話を続けていけたらと思っている。

ファミリー・アフェア

野宿からアパートへ

朝の七時過ぎ。突然、携帯電話の着信音が鳴り響いた。夜行性のわたしは、たいていまだ夢のなかなので、毛布をかぶったまま、もそもそと枕元の携帯を取る。なんだろう。

「もしもし……」

「せんせー！　アパート決まったんですよ‼」

張りのある大きな女性の声。状況がよくつかめないまま、寝ぼけ声で返す。

「あれ？　Kさんですよね？」

Kさんは六十歳代前半の女性で、内縁の旦那さんと十歳の猫のトラとテントで暮らしていた。隅田川医療相談会で出会い、トラの去勢手術を引き受けて、その後もトラの調子が悪いときには注射や投薬を行ってきた常連さんである。

「トラもいっしょに引っ越します。ちいさなアパートなんだけど、隅田川からも近いから、遊びにきてください！」

Kさんは本当にうれしそうだった。旦那さんの仕事が少し安定し、アパートに入居できることになったのだ。雇用主さんがアパートの保証人になってくれたようだった。

「もちろん、行きます！　本当によかった！」

寝ぼけモードから一転して、叫んだ。

野宿からアパートへ。その際、宝物のように大事に動物たちを抱えてひっそりと移っていった仲間を何人か見届けた。一人で、あるいは友人同士で、カップルや夫婦で。仕事が少し安定した人もいれば、生活保護の申請が受理された人などさまざまだ。今も彼らは、動物たちの具合がちょっとでも悪くなると、すぐに電話をかけてくる。公衆電話から、携帯電話から。「少し食欲が落ちてるみたいなんだけど……」「昨日からくしゃみをするようなんですが」など、愛犬、愛猫の体調の変化に一喜一憂するのは、飼い主なら誰でも同じだろう。その気持ちは動物と暮らす者として、痛いほど分かる。アルバイトのあとに、よっこらしょと電車を乗り継いで往診に出かけることもある。そのあと飼い主である仲間たちといっしょにごはんを食べにいくこともある。彼らの犬や猫たちは、すべて不妊去勢手術を済ませてあり、周囲に迷惑をかけずにのんびりと暮らしている。

質素なアパートで、何に脅かされることもなく暮らしている犬や猫たち、飼い主さんを見ていると、心から「ああ、よかった……」と思うのである。彼らのこの平和な暮らしが

無事、野宿からアパートに
入居していった猫たち。
（上）白猫のチビタ。
（下）Ｋさんたちと暮らす
トラ。

ずっと続きますようにと願わずにはいられない。

元野宿仲間が動物といっしょにアパートなどの共同住宅に入居する際には、守るべき最低限のルールがあると思う。以下の事項は、特に検討してほしい。

1．増やさないこと

仕事の有無や生活保護受給を問わず、動物の頭数をあまり増やさずに、今いる家族動物ときちんと丁寧につき合うことは、とても大事なことだ。そのためには不妊去勢手術を施すことは重要な条件だと思う。不妊去勢手術は近年は浸透していることだが、しかし一度の手術にかかる手間を惜しんでしまって、あっという間に「犬猫爆発帝国」が築かれる例も少なくない。あまりに数が多い場合（多頭飼育という）、よほど時間とお金と知識と人手がなければ、一匹ずつのケアはいき届かない場合が多いのである。

多頭飼育の悲惨な現場を何度も目にしてきた。動物のごはん代だけでも相当なもので、飼い主の側も多大なストレスを抱えながら(自分の健康や生活もボロボロになりながら)、動物の世話に明け暮れるということがある。手術をしなかったために増えてしまったというのは、飼い主の責任である。また、それを放置してしまう周囲の責任も問われる。

そしてこの場合、被害者になるのは、なんといっても当の犬や猫たちと、大家さん、近隣の人たち、そして善意の動物愛護団体、さらには大事に動物と暮らしているほかの住人である。自分だけではなく、周囲のことも考えて、不妊去勢手術の実施は必須である。

2. まさかに備えること

「人生には三つの坂がある。上り坂、下り坂、そして、『まさか！』である」という格言（のようなもの）がある。この「まさか」を想定していないと、いっしょに暮らしている動物たちと周囲に多大な迷惑をかけることになりかねない。これは、野宿仲間、家持ち問わずだろう。自分にもしものことがあったら、いっしょに暮らしている動物たちはどうなるのか。いつ何が起こるかわからないご時世である。

つい最近も、大阪市内で六十四以上の猫と暮らしていた四十歳代の男性が病気のために急逝した。亡くなった男性の奥さんは猫を処分すると言い、ボランティアが奔走して、猫たちの一時保護や里親探しに明け暮れている。驚いたことに、猫の多くが不妊去勢手術を施されていなかった。亡くなった男性自身も彼の奥さんも、まさか彼が若くしてこの世を去ることになるとは思っていなかっただろう。

まさかの場合のいっしょに暮らしている動物たちの行き先をよく考慮していただきたい。何かがあった場合、誰が動物のケアをしてくれるのか？　ごはんは？　散歩は？　里親は？　どれも難問だが、飼い主の当然の責任として考えておくべき事柄である。

3. 大家さんの理解について

「猫はだめ！　絶対うちのアパートはだめよ！　獣医だかなんだか知らないけど、そんなんだったら、ホームレスはアパートに入れないからね！」

がちゃんと電話をきられた。隅田川のほとりで、とある野宿仲間がずっといっしょに暮らしてきた猫を連れて生活保護でアパートに入る、という場面であった。

「不妊手術もして、おとなしい猫で、それでもだめですか？」と、そのアパートの大家さんに、おずおずと電話をした。しかし大家さんの心情の火に油を注ぐことになってしまった。結局、この案件を相談してくれた活動家がこの猫を自宅で飼ってくれている。長年かわいがってきた家族である猫と別れるのは、本当につらいだろう。さらに、この猫を保護してくれた活動家も、ほかにも猫たちを抱えていてパンク状態だ。ある程度、年を取った犬や猫の里親探しをするのは、どこでも大変なのだ。

ヨーロッパでは、きちんとしつけをされた犬は電車でもレストランでも入れるし、犬も猫も普通にアパートで暮らしている。日本における動物の社会的地位は、まだまだ低いのだなと思わされる。都心では「ペットＯＫ」の賃貸物件が増えてきた。だがそれは値の張るマンションであることが多い。「家族動物を抱えた人ＯＫ！」と言ってくださる質素な安いアパートの大家さんがいてくれたら本当にありがたい。もちろん「動物に責任を持ち、不妊去勢手術済み、近隣に迷惑をかけない」などを明記した誓約書があっていい。動物がいるからアパートに入れないと悩む、まじめでやさしい野宿仲間たちに、どうか部屋を貸していただきたい。動物に理解のある大家さんもいるが、まだごく一部だ。

野宿からアパートへ移っていった仲間たちと動物たち。わたしが知る範囲では、今のところトラブルもなく皆、静かにやすらかに暮らしている。彼らからの近況報告の電話はとてもうれしい。

「うちにごはんを食べにきて。ついでにちょっとノミの予防薬も持ってきてくれない？」なんて言われるのは、至福である。そして、動物を理由に野宿を余儀なくされている仲間たちに、早くいいアパートが見つかりますようにと願わずにはいられない。

やすらかに暮らしたい

生活保護と動物と

「生活保護制度のなかで動物を飼ってはいけない、という文言はありません」

厚生労働省の生活保護課の担当者がはっきり言いきった。その一言を聞くまでずいぶん長い時間、電話口で待たされた（その間、電話の向こうではなぜか「メリーさんの羊」の保留音が流れている……）。

「生活できる範囲内であれば動物を飼うことは禁止事項ではないです」

担当者はそう言った。

「そうですか、安心しました。では、地域の行政が受給者に対し、生活保護で動物を飼うことはいけない、と言うことはあり得ないのですね？」

思わず声音が低くなり、慎重になる。

「はい。そのような文言はありませんから」

わたしはどうしても、この一言を国の機関である厚生労働省から聞きたかったのだ。

隅田川医療相談会に参加してしばらくしたころ、猫と暮らす野宿仲間のWさんから、相談を受けたことがあった。

「体が悪くなって働けなくなってしまいました。なんとか生活保護を取りたいと思うのですが、こいつ（猫）を置いてアパートに入ることなんてできません。生活保護では、動物は飼えないと言われてしまいました。そうなのでしょうか」

しょんぼりと話すWさんは七十歳手前。病院に通いながらアルミ缶を集めて細々とテントで暮らしていた。猫の不妊手術はすでに済んでいる。おとなしい老齢のトラ猫。

「誰がだめって言ったの？」

「福祉事務所の職員さんに……」と消え入るような声で答えた。

さっそく、福祉事務所に電話をした。

「生活保護では、動物を飼うことは許されないというのは本当ですか？」

「はい、そうです。動物は、贅沢物と見なされますから」と職員はテキパキと答えた。

当時、生活保護という制度に知識の乏しかったわたしは、落胆して電話をきった。

本当はいけないのだけど、Wさんには「猫のことは内緒で」生活保護を取ってアパートに入るように勧めた。にゃあとも鳴かない静かな猫は、Wさんの大きなカバンに入って顔だけ出していた。どうしてもWさんと猫を離したくない気持ちが勝っていた。Wさんも、猫と離れたくない。猫も、Wさんと離れたくない。「何かあったら、すぐ電話して」と渡したわたしの携帯電話番号を書いた紙をWさんはポケットに入れて、猫の入ったカバンを大事そうに抱きかかえて、去っていった。

このとき、多少の罪悪感はあった。こそこそと猫を連れていかざるを得ない状況に加担したことは事実だったからだ。それからしばらくして、ある法律家にふと愚痴った。

「生活保護って、飼い主さんと動物を断ちきっちゃうからなあ」

「え？　そんなことないはずですよ？」とその法律家は首をかしげた。

「生活保護を受けて、大家さんの許可も得て、猫を飼ってる人、知っていますす」

わたしは、思わず聞き返した。

「だって、行政の職員さんにだめって言われたんですよ!?」

「それ、違うんじゃないですか？　常軌を逸脱するような飼い方や、周囲に迷惑をかけるような状態ならともかく、そんな話聞いたことないけどなあ」

ほかの法律の専門家にも同じ質問をしたが、答えは同じだった。

生活保護制度を管轄しているのは厚生労働省である。「生活保護でも動物は飼えるはず」と法律の専門家たちが口をそろえて言うのだから、もちろんそうなのだろう。だが、厚生労働省の担当者にどうしても確認したかったのは、わたしの気が収まらないからだった。

日本国憲法の第二五条。「すべて国民は、健康で文化的な最低限度の生活を営む権利を有する。国は、すべての生活部面について、社会福祉、社会保障及び公衆衛生の向上及び増進に努めなければならない」。

生活保護制度はこの二五条に基づいてつくられた制度である。人は誰だって予期せぬ事情で仕事ができなくなったり、無収入になったりしてしまうことがある。病気や事故、家庭の事情、理由はいろいろだろう。しかし憲法で謳《うた》われている通り、誰にでも「生存権」がある。さらには「健康で文化的な最低限の生活を営む」権利も。だがすべての国民に門戸が開かれているはずの生活保護制度も、現実には機能していない例は多い。

まず、生活保護を申請しても受理されないケース。生活保護申請の際に「ミーンズテスト」というものがある。行政が申請者の収入や資産、扶養義務者などの状況を詳しく調査するもので、これが日本はヨーロッパ諸国などに比べ、とても厳しいのだという。このミーンズテストがあたかも命の等級づけのように感じられ、傷ついて申請をやめてしまう人もいる。また、福祉事務所の窓口で「今まで炊き出しを利用して食べてきたのだから、これからもそうすればいいでしょう」とか、重い持病を抱えた人に対し「まだ若いんだから働けるはずだ」などと言われるケースも報告されている。いわば門前払いである。

さらに、生活保護の申請が受理されても、実際に生活保護が受けられるまでの生活が保障されないケース。こんな報告がある。ある司法書士が、生活保護を申請するため当事者の野宿仲間につき添って福祉事務所に行ったときの話だ。

「今日受理するけど、保護開始は明日。明日の朝また来てください。今日どこに泊まるかは自己責任です。この運用は都からも認められています」と担当者は言ったという。その司法書士が「今、五円しかない人ですよ。お金を出してもらうまで、ぼくはここを動きません！」と言うと、「ご自由に。私たちは時間になったら帰ります」と答えて、相談ブースを出ていったという。結局、その司法書士はその場で東京都の福祉課に電話をして、その仲間の当日の宿泊費は出ることになったが、そこでは彼の立て替えになったのだった。

そして、苦労の末に生活保護が受理できるようになって、いざアパートに入っても、孤独のなかで悩むケース。あるいは、近隣住人とのコミュニケーションに耐えられないケース。野宿生活からアパートへ移るということは、単に「よかったね」と手放しで喜べないことがある。それまで、交流のあった野宿仲間と別れ、新しい暮らしを一人で営んでいくことは並大抵の苦労ではない。生活保護を受けてアパートに入っても、寂しくてアルコールに依存してしまう人、誰にも知られずに孤独のなかで亡くなっていく人もいる。そのようなことを防ごうと、生活保護を取って一人で暮らす元野宿仲間たちのために、定期的に集まりを設けている野宿者支援グループもある。

生活保護を受理する元野宿の仲間たちは、皆、生きることに一生懸命なのだ。一人ぼっちのアパート暮らしを、生き抜くことに必死なのだ。そこに、路上からずっと共に暮らしてきた、苦楽を共にしてきた相棒の動物がいっしょにいてくれたら、どんなに心強いだろう。お互いに支え励まし合ってきた、かけがえのないしっぽつきの家族。

あるとき、猫をカバンに入れてアパートへ旅立っていったWさんから電話があった。

「おかげさまで、わたしも猫も元気です。ありがとうございました。大家さんもね、猫を飼うことは了解してくれました」

Wさんの声は、朗らかで元気そうだった。

「あのね、Wさん、どうしても言いたいことがあるんです。ごめんね、実はね、生活保護でも大家さんが了解してくれれば、動物飼えるんだって！」

Wさんは「そうなんですか！　よかった！　ありがたいです」と陽気に笑った。

安心して、電話をきった。

.Column・

ありがとう、鉄の道

初代新幹線「0系」が引退した。丸顔で、均整のとれた美しい新幹線だった。二〇〇八年十二月十四日、最後の0系は新大阪・博多間を立派に走り抜いた。四十四年間の時を背負って。

さらに、その三ヶ月後。二〇〇九年三月十四日。東京・九州間を半世紀に渡って走ってきた寝台特急「はやぶさ」「富士」が、業務を離れることとなった。歴史の刻まれた、武骨でしっかり者のブルートレイン。

0系にしても、はやぶさ、富士にしても、ラストランのかっこよさは圧巻だった。

多くの人たちが彼らを見送った。声援を送り、カメラを構え、バンザイをし、涙を流し、敬礼を送った。駅員も、子供たちも、会社員も、おばあちゃんも、口々に叫んでいた。「お疲れさま!」「ありがとう!」と。

どれだけ多くの人たちが彼ら（この列車）のお世話になったのだろうと思う。いろんな人たちの夢や志や、悩みや悲しみや、それこそ「人生そのもの」をいっぱい乗っけて黙々と走ってきた列車たち。本当にお疲れさまでした。

鉄道ファンでないと、日ごろの鉄道の美しさやありがたみは、なかなか意識しないと思う。でも、こういう機会に頭を下げる。そして、その列車の陰にあるたくさんの人たちの労力に、また気づくのである……。

そびえ立つビルやマンション、もちろんちいさなアパートでも、わたしたちが「住んでいる」「職場にしている」今いる場所は、名前も分からない大勢の誰かが一生懸命、汗を流してつくってくれたものだということも、普段は忘れられていることだと思う。便利な道路も、快適な水道も、電気も。夏のカンカン照りのなか、冬の厳しい寒さのなか、たくさんの労働者の方々が、心をこめて仕事をしてくれている。

そして今、わたしたちが住んでいるこの建物を建ててくれた誰かが職を失い、野宿をしているかもしれないという現実。

あるテレビ番組で、野宿仲間の特集をしていた。そのとき、某ジャーナリストは、「ホームレス」とは言わなかった。「日本の高度成長を支えてきた、誇りある日雇い労働者たち」という言葉を使った。この言葉が、ずっと胸を離れないでいる。たくさんの「縁の下の力持ち」に生かされているわたしたち。それを忘れて、うわべをなぞるような社会に踊らされていてよいのか、自分自身の反省も込めて考えてしまう。

初代新幹線やブルートレインだけではなく、皆を支えるための過酷な労働で体を壊し、衣食住を失った、誇り高いおじさんたちに「お疲れさま、ありがとう！」を言える社会であってほしいと願う。

第4章 People get ready

生きものみんなに明日が来るために

情報格差社会のなかで

知る権利と知らせる責任

「社会における多くの悲劇は、知らないことから起こる」という言葉を聞いたことがある。この「知らないこと」には、「知識が足りなかった」「相手を理解できなかった」「自分自身を知らなかった」など、いろいろな意味が含まれているのだと思う。

「動物の不妊去勢手術は本当に大事ですね。今、医療相談に来ないテントの仲間にも説得しています。Aさんのところの猫が増えているようで、ほかの仲間も困っています」

荒川医療相談会の常連Tさんは、穏やかに話してくれた。Tさんは河川敷で保護した猫をすべて早期に不妊手術することに応じてくれていた。その仲間、AさんはTさんやほかの野宿仲間たちの真摯《しんし》な説得によって二ヶ月後の医療相談会に現れた。

「無料でやっていただけるのなら、ありがたいです。自分でも、猫ってこんなに増えるなんてびっくりでした。知りませんでした」とAさんは頭を下げて言った。

「ご自分の食費だって大変なのに、猫たちの餌代、大変でしょう?」と言うと、「本当にそうです」と答えた。

「猫がこんなに繁殖力が強いこと」を積極的にわかりやすく知らせなかったわたしの責任でもある。野宿仲間と積極的に接していても、動物の病気、予防医学など、いろいろなことがきちんと伝わっていないケースが多い。説明しているつもりでも、わかってもらっていない場合もある。

動物と暮らす責任に、貧富の差も格差社会も存在しない。そこで考えたのが、野宿仲間向けの「どうぶつ瓦版《かわらばん》（どうぶつ新聞）」だ。口頭で伝えるだけでなく、紙に残る形で、読んでもらえる形で、回し読みでも、東京でも大阪でも、ほかの地域でも、少しは活用されるのではないだろうかと思い、制作に励んでいる。

動物を飼う際に、「欲しくてペットショップから購入した」場合と「やむをえず保護した」場合がある。野宿仲間の場合は、一〇〇パーセント近くが後者ではないだろうか。だから、動物と暮らす諸々のことを「ホームレスの犬や猫だから健康管理ができない」と批判するだけではなく、彼らにきちんと知らせない側の責任も問われると思う。動物の健康についての正しい知識を伝えていくためには、野宿仲間との信頼関係を築くことはとても重要だ。いきなりやってきて「あなたの飼い方はおかしい」というのはありえない。私だって、知らない誰かにいきなり「君の生活は変だ」と言われたら（たとえそれが事実でも）単純に頭にくる。悪態だってつきたい。信頼関係を築くのには時間がかかる。一朝一夕ではできない。

仮にその人から無理やり動物を奪ったとしても、その個体は救われるかもしれないけれど、彼は同じことを繰り返す可能性が高い。動物を救うこと、それは、真の意味で相手に知ってもらうことが本当に大事だと思う。ちなみに、わたしがかかわった野宿仲間の多くは、動物の健康については勉強熱心である。「以前打ったワクチンからもうすぐ一年たちますよ！」と逆に指摘されることも、「抗生物質の種類について」いろいろと質問を受けることもある。わたしも、ますます勉強しなくてはいけない。

持つ者と持たざる者の情報格差は広がる一方である。インターネットが今の情報獲得方法の主流かもしれない。しかし、電気を引いていない、あるいはパソコンの操作を習得することもできない五十歳代以上の野宿仲間の多くが、このインターネット社会から取り残されてしまいがちになる。ある野宿仲間は、一冊百円の染みのついた「猫の飼い方」の古本を買って勉強していた。熱心にページを折ったり、文章に線を引いたりして。

彼らはネットなんて見ないし、見られない環境にある。「メールでお願いします」「ネットを見てください」とは言えない世界に、どのように正しい情報を伝達するのか。それは「人と人が直接会って、きちんと説明し、紙などの媒体を使って、残る形で伝えていくしかないのではないか」と、力強く思うのだ。

動物と暮らす人たちが知りたくても知ることができない情報は、知る人がきちんと伝えなくてはいけないと思う。この情報格差社会において、目に見えるネットワークが担う役割は大きい。それを意識的に活用していく必要があるのではないだろうか。

知らなかったことで、事態を悪化させていくことは、動物のことばかりではない。もっと基本的な自分自身の生活というところにそれは起こっている。

自分自身の命の守り方を知らなかった……野宿に至った仲間の多くは、実はそうなのではないかと思うことがある。

「いい仕事があるよ、寝場所もあるよ」と一見よさそうな条件を持ち出され、連れていかれる重労働の建築現場。しかしさまざまな言いがかりをつけられ、給料から宿代やらなんやらと引かれて、手元に残るのは一日千円。半月の泊まり込みの仕事を終えて、再びテントに戻るしかなかったと、ある仲間は語っていた。あるいは、現場で転落して足を骨折し、「もう働けないやつは用がない」と追い出されて、野宿になった人もいる。当時は

「労働者災害補償保険（労災）」を申請することを思いつかなかったのだという。

隅田川テラスに住むはなちゃんのテントにしばらく同居していた四十歳代の男性。彼は、重度の糖尿病と高血圧を患っていたことが判明した。「でも、お金もなくて、自分でどう病院にかかったらいいのかわからない」という彼を、はなちゃんといっしょに隅田川医療相談に連れていった。医師たちの迅速《じんそく》で的確な判断により、彼は無事に入院し、生活保護を受けることができた。

借金取り……いわゆる多重債務で野宿への道を余儀なくされた仲間もいる。「本当は逃げ回らなくていいのに、逃げていた。法律家たちが行っている路上無料相談で知った」など、さまざまな知らなかったことが野宿の原因になっていたり、さらには自身の病気を阻止できなかったり、困窮を増長させたりすることにつながっている。

知ることと知らせていくことがいかに重要であるか。人間には皆等しく知る権利がある。同時に、正しい情報を知らせていく責任が、社会やわたしたち自身にあるのだと思っている。そのためには、実体のある、確かな手のぬくもりを介在させ、伝えていきたい。同じ、生きる者同士なのだから。

トルエケが起こした奇跡

助け合いの経済

「今日はいい天気だねえ」

秋晴れの日曜日。隅田川のテラス。はなちゃんの小屋の前でひなたぼっこをしながら、のんびりと流れていく川をはなちゃんたちといっしょに見ている。ハッピーのフィラリア予防薬も渡して、今日のやることはたぶん終わったかな、と少し眠たい平和な午後だ。

「ありがとうね、これ、どうぞ」とはなちゃんがそっと袋を渡してきた。

「なあに？」とガサガサとその袋をあけると、きれいなギンナンの実がたくさん入っていた。わたしはギンナンが大好物である。

「どうもありがとう」

喜んで受け取った。ハッピーが、ぱたぱたとしっぽをふって応えた。

思い返すと、わたしが野宿の仲間たちからいただいたものはいっぱいある。まず一番多いのは衣類関係。スニーカー、手編みのマフラー、アメリカ軍のジャケット、色とりどりのセーター、毛糸の帽子、丈夫なＴシャツ……などなど、実用的で日ごろも愛用させていただくものばかりだ。「あのとき、〇〇さんにいただいたものだな～」と思いながらふくふくと着ぶくれていると、幸せな気持ちになる。次に多いのは飲食物。エチルアルコールの類《たぐい》や日本酒、焼酎や冷えたビール。野宿仲間たちといっしょに飲むと、〝ハッピーテンション〟は一気に上がる。先ほどのギンナンのような風流な食べものもあるし、目の前で調理してもらうラーメンや野菜かき揚げ、みそ汁やお鍋も本当においしかった。野宿仲間のテントや小屋でごちそうになることは本当に多い。花の鉢植えもあった。きれいなミニバラだったのに、ズボラなわたしは枯らしてしまったけれど。キャラクターものの、かわいらしいメモ帳やセロハンテープは今も大事に使っている。アクセサリーもあった。「持ってけるだけ持ってって！」と言われたけれど、普段からおしゃれと疎遠なので、龍の模様の指輪と鳥をかたどったブローチだけいただいた。だから、「無償で診察してます」とはちょっと言えないかもしれない。

はなちゃんにギンナンを手渡されたとき、「トルエケ」の話がふと頭をよぎった。

トルエケとは、アルゼンチンの交換市のことで、正確には「アルゼンチンのグローバル交換クラブ（交換リング）」（ＲＧＴ）という。

トルエケの誕生は一九九五年にさかのぼる。当時、失業率が二〇パーセント近いアルゼンチン。首都ブエノスアイレス郊外のベルナルという地で、トルエケの母体は発生する。三十人弱の交換クラブメンバーが毎週集まって、食料や衣類などを物々交換していた。現金（法的貨幣）を介さずに、お互いの必要なものを取引できるこの仕組みは一年続く。トルエケでは、やがて「物々交換」の域を超えて、「労働」「技術」「サービス」なども取引の対象になる。きっかけをつくったのは、一人の歯科医だった。彼は、お隣の焼くパンがお気に入りで、パンの引き換えとして歯の治療を行うようになる。やがて、電気や水道工事のような修理サービスもトルエケに加わる。さらに取引をカードや手帳に記載する方法（通帳方式）から、独自の紙幣を発行することになる。いわば「地域通貨」（法定通貨ではないが、ある目的や地域のコミュニティー内などで個人やＮＰＯ、企業などによって発行される通貨）だが、これが世界屈指の社会的貨幣として国中へと広がっていく。マスコミも行政も積極的にトルエケを推進し協力をしたため、一部の地域ではトルエケを使っての納税も可能となった。三十名弱の交換クラブは、数年の間に数百万人のアルゼンチン国民（全国民の約六分の一）の生活と連帯を支える魔法を起こしたのだ。

トルエケの特徴は、地域のグループのなかで毎週定期的にミーティングが行われ、それぞれが「必要なもの」「自分が提供できるもの」を話し合う「顔が見える状態でのネットワーク」をきちんと構築していることだ。体温のある出会いは、確かな共感を呼び起こす。目の前に困っている仲間がいれば、なんとかしようという気持ちが広がるだろう。それは定期的に、頻繁にミーティングを行うことで、さらに強まっていく。支え、支えられるコミュニティーがしっかりとでき上がる。また、アイデンティティーを得る場ともなりうるだろう。「自分ができること」を話すことで「自分は実はこんなことができるのだ」という発見にもつながるし、労働でもサービスでも何か他者が欲することを行うことで、社会のなかに生きる自分の存在を確認することができるのではないかと思う。そして、誰かに物資でも技術でも何か自分が必要なものを提供されることで、相手の存在を認め、感謝する気持ちが生まれてふくらんでいくのではないだろうか。

そのようなグループが各地で生まれて広がり、各人の自主性によってグループ同士での交流や交換もできていく。限りなく平《たい》らかなネットワーキングである。

当時のアルゼンチンでは、インターネットはほとんど普及していない。ほかの国で行われていた社会的貨幣や地域通貨の概念や実践とは関係なく、独自に生み出され育てられた「地域からの実践と発展」であるというところに心を打たれる。

一方、日本でも全国各地でさまざまな地域通貨が流通している。千葉県の「ピーナッツ」、愛知県知多半島の「レッツチタ」、愛媛県関前村の「だんだん」など、六百以上あるといわれる。大きな企業のチェーン店が地域に入り込み、昔ながらの個人商店の存続が難しくなっている地域もある。インターネットの普及に伴い、自宅にいながら買いものができる時代だ。ものをつくっている人も、売っている人も、それを買う人も、実体のある人間だということがわかりにくい時代において、町内会や商店街、また特定の市町村で、地域通貨はやりとりされる。人が実体のある生きものであることを確認する意味でも、地域通貨の導入は意味があると信じている。商店街の活性化や町内会での相互交流などの目的がかかげられているけれども、根っこには「人と人が支え合うツールとしての地域通貨」という願いがこめられていてほしい。

日本における地域通貨の草分け的存在でもある千葉のピーナッツ通貨は、ＮＰＯ法人「千葉まちづくりサポートセンター（通称ボーンセンター）」が一九九九年二月に千葉市の「ゆりの木商店街」で試験運用を始めたのがスタートだった。日本では四番目に古い地域通貨である。商店街のなかでは賛否両論あり、ピーナッツの導入は当初否決されてしまったという。しかし「ちいさいお店は、ほかがやっていないことをやらないとだめなんだ」と、当時の商店街の会長さんは自分の店舗だけにピーナッツを導入した。それから二年の間に、商店街の半分以上の店でピーナッツが使われるようになった。やがてピーナッツは商店街に活気をもたらし、地域経済の活性化に一役買っただけでなく、地域外にも飛び出して、農産物の生産地域や福祉施設といった場でも活躍を続けるようになる。

ピーナッツの生みの親の一人であり、ボーンセンター副代表である栗原裕治さんによると「世の中には、三つの経済がある」そうだ。栗原さんいわく「市場経済は『交換の経済』、国などの財政支出や会社の給料は『分配の経済』、地域通貨はさしずめ『互譲（互助）の経済』なんだよね」

どの経済にも一定のルールが必要だが、特にルールが重要なのは『交換の経済』であり、納得と合理性が重要だという。そして『分配の経済』で大切なのは、正義と公平だと指摘する。

「でも今の政治や行政、企業に正義はあるのか公平の視点は適格か、疑っちゃうよね」

わたしも思わずうなずいてしまう。栗原さんは、レトリーバー犬のように穏やかな顔をして、にこにこしながら言葉を続けた。

「『互譲の経済』はなんといってもハートだよね。利他的というか思いやりというか。トルエケのようなものが本来の地域通貨の意義じゃないかなと思うんだ」

ピーナッツのように、地域通貨をうまく導入し、地域や人々の活性化につなげている例は日本にもある。そして、トルエケのような地域通貨を、まさに今ここにいる野宿仲間たちが使えたらいいのにと思わずにいられない。野宿仲間たちは、皆がそれぞれ得意な技を持っている。料理が得意な人もいれば、はなちゃんのようにミシンを踏む達人もいる。家の補修に長けている人や、掃除や整理整頓が上手な人、黙々と行う単純作業に音を上げずに根気強く取り組める人もいる。「できない」のは、「それをするチャンスがない」のだ。地域のなかでチャンスが生じることは、多様で豊かな人間関係にもつながっていく。そして、野宿仲間たちが市民としての誇りを取り戻し、生き生きと暮らす第一歩になる。それは、皆が支え合って生き延びることにつながっていく。

目標は「皆が支え合って生き延びること」。南半球で発生したトルエケの熱い風が、北半球のちいさな島国の路上や河川敷にも吹き込んでほしいと願う。

はなちゃんとハッピーに手をふりながら、ギンナンをリュックに入れて隅田川テラスをゆっくり歩く。今日履いているスニーカーも、いつぞや、野宿仲間に犬の往診料としていただいたものだ。猫の爪を思わせる細長い月が頭上に見える。時差はあっても季節は違っても、同じ月をアルゼンチンの人たちが見て感じていることを思った。

誰かがなんとかしてくれる？

無関心と関心のあいだで

ひとびとは
まるで
そのおとこのことなど
このよにいないかのように
まっすぐまえをみつめ
いそぎあしで
とおりすぎてゆく
ひとびとが
ゆこうとしているところは
いったいどこなのか

（「そのおとこ」谷川俊太郎）

西成公園で暮らすカタヤマさんが自身の裁判の陳述書に引用した谷川俊太郎の「そのおとこ」という詩の一節だ。路上で生きる男を歌ったこの詩は、すべてひらがなで淡々と書かれている。この詩が発表されたのは、一九八一年、野宿問題というものが、まだ社会的に広く認知されていなかったのではないかと思われる時代である。

この詩を読んでいてわたしの頭をよぎったのは、野宿の仲間ではなかった。二十年近く前に出会った、大切な相棒のことだった。

その相棒、彼女の名前はジェイク。黒いふさふさした毛並みの、中型の雑種犬だった。ジェイクとはわたしが二十二歳のとき、仙台の雑踏で出会った。当時フリーターだったわたしは、その日もアルバイトを終えて、仙台のにぎやかな商店街を歩きながらの帰宅途中だった。七月の下旬で、夏の開放感があふれる夜の街のなか、一匹の犬を見つけた。その犬は、人ごみのなかをうろうろとさまよっていた。多くの人がいても、誰もが通り過ぎ、見ないふりをしているように感じられた。わたしは無意識のうちに、その犬を追った。古ぼけた首輪をしていた。首輪をつかまえようとすると、鼻にしわを寄せてうなり声を上げる。そのうち犬は小走りに横道に入り、見えなくなってしまった。「仕方がない」と、わたしはいったん諦めた。だけど、どうしても気になって、来た道を引き返し、街中を歩き回り、気づいたらその犬の姿を必死で探していた。すると不意打ちのように、飲み屋街の路地からその犬が飛び出してきた。今度は一心不乱に追いかけた。結局、彼女は何を思ったのか仙台中央警察署に飛び込み、七人の警察官が大捕りものに加わった。牙をむく犬を追いつめて、なんとか首輪にリードをつけ、抑留することに成功した。

「もしかして飼い主さんが探しているかもしれないからね」

警察官たちは数日間、署内でうなる犬にごはんを与え続けてくれた。わたしも中央署に毎日通った。だが飼い主は結局現れず、犬は市内の動物管理センターに送られることになった。当時、仙台市の動物管理センターでは保護した成犬の一般譲渡は原則禁止されていた。このままでは殺処分だ。ところが、ちいさな奇跡が起きた。初老のベテラン警察官が管理センターの職員に頭を下げてくれたのだ。「どうかこの子に、あの犬を譲渡してください。お願いします」と。このときから、彼女(ジェイクと名づけた)は、わたしの相棒になった。そして、わたしに全面の信頼を寄せてくれるようになった。

「もう十歳ぐらいだねえ。けっこうおばあちゃんだよ」

かかりつけの獣医師はそう診断した。しかし、その後ジェイクはがんばって長生きをしてくれた。彼女といっしょに仙台からあちこち引っ越しをしたり、旅をしたり、ヒッピーの祭りを巡ったり、山暮らしをしたり、大学時代にはいっしょに牧場実習に行ったりした思い出は、何ものにも代えがたい宝物のような時間だ。濃密な七年間だった。

今思うと、いったんジェイクを見失って諦めたときのわたしは、どこかで「誰かがきっとなんとかしてくれるに違いない」と思おうとしていた。しかも相手は噛み犬で、相手もわたしのことが嫌いなんだろうと思おうとしていた。ジェイクはきっと長時間放浪していただろうから、幾人の人たちに声をかけられたり捕獲されかけたりしたかもしれない。結局、彼女はかたくなにそれを拒んで、夜の街を迷走していたのだと思う。

本当に、誰もが無関心だったのだろうか、と思う。もちろん、一匹の迷子の犬がいても、気に留めない人もいるだろう。でも実際には、「あの犬、大丈夫かな、交通事故に遭わないだろうか」とか、「一時的に保護したくても、うちはアパートだからなあ」とか、いろんな思いを心に抱いた人たちがたくさんいたのではないだろうか。そして、結果的に、「誰かがきっとなんとかしてくれるに違いない」と、祈るような気持ちで足を速めたのではないかと、二十年たった今、わたしはそう信じている。

現在、野宿仲間は、圧倒的に都市に集中している。東京都、大阪市の二大都市に暮らす野宿仲間は、日本全国の野宿者数のおよそ半分近くを占めている。横浜市や名古屋市、神戸市などの政令指定都市を入れると、大都市で生活している野宿仲間は全体のおよそ八割に上るといわれる。都会は、よくも悪くも他人に干渉することが少ない場所だ。ボロボロの格好で路上に座り込んでいるおじさんがいても、声をかける通行人はほとんどいない。三千五百人(厚生労働省調査による。実数はもっと多いだろう)に上る野宿生活者を抱える東京では、彼らの姿は「当たり前で見慣れた光景」なのだろう。でも、その光景に疑問を覚え、目の前のその人をなんとかしたいと思う人も少なからずいるのではないか。

「目の前のつらい光景」あるいは「メディアなどで知るつらいニュース」にショックを受けたり、憤りを覚えたり、悲しんだりといった気持ちや心というのは、それ自体が尊いと思う。その気持ちがなければ、次のステップに進むことはないからだ。「次」というのは「行動」である。実際に行動すること。それは、現実の三次元世界における意思表明であると思う。自分の心で思う、感じる、涙を流すだけでは、世界は変えられない。相手や第三者の心に伝わることは、残念ながらないと思う。思ったことを行動に移してこそ、現実を変える一歩を踏み出すことになる。

無関心そうに見えて、実は心を痛めているたくさんの人たち。目の前の一つの命を救えなかったことを後悔するのなら、また別のアプローチもあるのではないだろうか。目の前の命も、どこかで苦しんでいる命も、自分という存在を介して分けられるだけのことだ。この星の上で時空を共にしているということでは、皆同列なのではないだろうか。

自分のキャパシティーが許せるなかで、意思表明である行動はできると思う。動物についても、そして野宿の仲間たちについても。「できる行動」「できない行動」は、個人によってもちろん違う。「目の前の一つの命」を救う行動、啓蒙《けいもう》に努める行動、物資やお金を寄付する行動、現行法を変える行動、いろいろなやり方があるのだということを、わたしはさまざまな人たちに教えられてきた。

「誰かがきっとなんとかしてくれる」……その誰かとは、つまり自分自身なのではないか。一人ひとりが、やれる範囲でやろうと思って行動に移したら、もっと世界は温かい空気に満ちたものになるのではないだろうか。野宿の仲間にとっても、迷子の犬にとっても、遠い世界の誰かにとっても、自分自身にとっても。

時代は変わり、犬や猫に対する世の中の関心は着実に高まった。動物愛護、動物福祉といった概念も一般に浸透しつつある。今、都会の雑踏でジェイクがさまよっていたら誰かが保護をしてくれる可能性は高い。でも、二十年前にはその可能性は相当低かった。

Five freedoms

最低限の自由の保障

近年、日本においても「動物福祉（アニマル・ウエルフェア）」という言葉が一般的に使用されるようになっている。そもそも動物福祉とは、一九六〇年代以降、主にヨーロッパにおいてはぐくまれてきた概念・思想であり、一九世紀初めに法学者のジェレミー・ベンサムによって提唱された「功利主義」（最大多数の最大幸福）に基づくものだ。

動物福祉運動は、動物個々の苦痛や苦悩を取り除くこと、個々のQOL（クオリティー・オブ・ライフ）を高めることに目的があり、科学性と客観性を伴うために、さまざまな現場での動物の苦しみを軽減するのに大きな役割を果たしてきた。

Five freedoms（五つの自由）

1. 飢え、乾き、栄養不良からの自由（健康を保つために、十分な餌と新鮮な水が与えられること）
2. 恐怖と絶望からの自由（精神的な苦悩を最大限に避ける状況が確保されること）

3. 不快感からの自由（気温や休息場所に配慮し、適切な住環境が提供されること）
4. 痛み、傷害、病気からの自由（怪我や疾病の予防・診察・治療が的確に行われ、苦痛を排除されること）
5. 正常行動への自由（種の特性に基づく通常行動が発現できるような十分な空間や適切な刺激が提供されること）

動物福祉において、この「五つの自由」はよく知られている。一九六五年、イギリスの「ブランベル委員会（科学者による技術諮問委員会）」によって家畜動物の福祉という観点からつくられたものである。そして、二〇〇四年「第七十二回ＯＩＥ（国際獣疫事務局）」の総会においても、動物福祉にかかわる基本原則として明記されている。

身動きできないほど狭いケージにつめ込まれる鶏たち。太陽の光を浴びることも、土を踏むことも許されない環境にあるブタたち。「人間が食べるためなら動物に何をしてもいいのか？」という問いを社会に投げかけた多くの哲学者や動物の権利の活動家、現場の生産者たちの数多くの声で、特にＥＵ加盟国では、動物たちの待遇改善は着々と進んでいる。世論の高まりも大きい。家畜動物の飼養実態を知った消費者たちは「生命の尊厳を無視したような飼い方、殺され方をされる動物の肉や乳製品、卵は買わない」という選択を実践してきた。結果、動物たちの福祉に配慮した畜産物の流通が広がりを見せている。

わたしはまた別の視点で、五つの自由を考えている。これは、人間にもあてはまる最低限の福祉、最低限の権利ではないかということだ。野宿仲間たちと、そして彼らと共闘する活動家たちに出会うまで「人間の福祉はなんとかなっているのではないか。支援者も多いだろうし、法律もあるし」と思っていた。しかし、それはまったく違っていた。国際的な動物福祉の活動や学問のなかで、近年当たり前に提唱されるようになった五つの自由は、日本で暮らす野宿仲間たちにこそ必要なのだ。空腹を抱え、周囲に遠慮して暮らし、いつ襲撃されるかと怯え、暑さや寒さをしのぐのに必死で、満足な医療も受けられず、公園のベンチで寝泊まりすれば追い払われる。ある野宿者の声が、彼らの現実を切実に伝えている。

動物でも、夜、安心して眠れる「あなぐら」がある。
ホームレスには、安心できる「あなぐら」がない。
荷物もダメ、小屋もダメ、

これでは「死ね！」といっているのと同じ。

（笹島労働者会館広報委員会「ささしま」（二〇〇六年六月号））

二〇〇九年一月に厚生労働省が実施した「ホームレスの実態に関する全国調査」によると、その数は一万五七五九人。だが、釜が崎で活動する野宿支援グループ「野宿者ネットワーク」が提示する野宿者の数は、およそ二万五〇〇〇人またはそれ以上。一万人以上の差がある。長年、釜が崎で野宿仲間を見てきた西成公園のカタヤマさんによれば、日本で野宿している人々のうち、公園などにテントや小屋を建てて暮らしている人は、実は少数派であるという。

「実際には、多くの人がテントなしで、夜中だけ路上にダンボールを敷いて寝ている。熟睡なんてできないよ。冬は、明け方近くなると寝ることもできないほど冷え込むから、夜が明けるまでぐるぐる歩き回ったりする。朝になれば寝床を片づけて、跡形もなくきれいにして立ち去る。こうした人たちが、厚生労働省にどれだけカウントされているのかな」

日雇い労働でドヤに泊まりながら日々を暮らす「流動層」と呼ばれる人たち、夜と昼の居場所を変えながら路上に暮らす「移動層」と呼ばれる人たち、そしてネットカフェを泊まり歩きながら明日の仕事を探す「ネットカフェ難民」と呼ばれる人たち……。彼らも含めれば、広義の野宿者というものは、相当数に上るだろう。

「もう、社会とかに期待するとか信じるという力はないんですよね」

河川敷に捨てられる猫たちを保護している野宿仲間の一人が遠くを見ながら言った言葉を思い出す。

「まあ、これから猫たちの餌を仕入れにいってきますよ」

彼が河川敷の土手を、ボロボロの自転車で走っていくのを見届けながら、夕闇のなかでにゃあにゃあと人懐こくすり寄ってくる猫たちの背中をそっとなでた。

社会に無視されたり、無情な仕打ちを受け続けたりしてきた野宿の仲間たちにとって、過酷な生活のなかで出会うちいさな命たち——捨てられる犬や猫は、かけがえのない家族なのだ。彼らを懐に入れて暖めながら声をかけ、その健康状態に一喜一憂し、お互いに励まし合って暮らしている。自分は明日の命も分からない、そんななかでそばにいる動物たちは、確かで信じられる尊い存在なのではないか。野宿仲間にとって犬や猫とは、自分がごはんを食べられなくても、守り抜きたい命なのだ。わたしの出会った野宿仲間たちは「五つの自由」を彼らの家族である動物たちのために実践している。一方、自分たちのそ

全国の野宿者数および分布状況（平成21年）

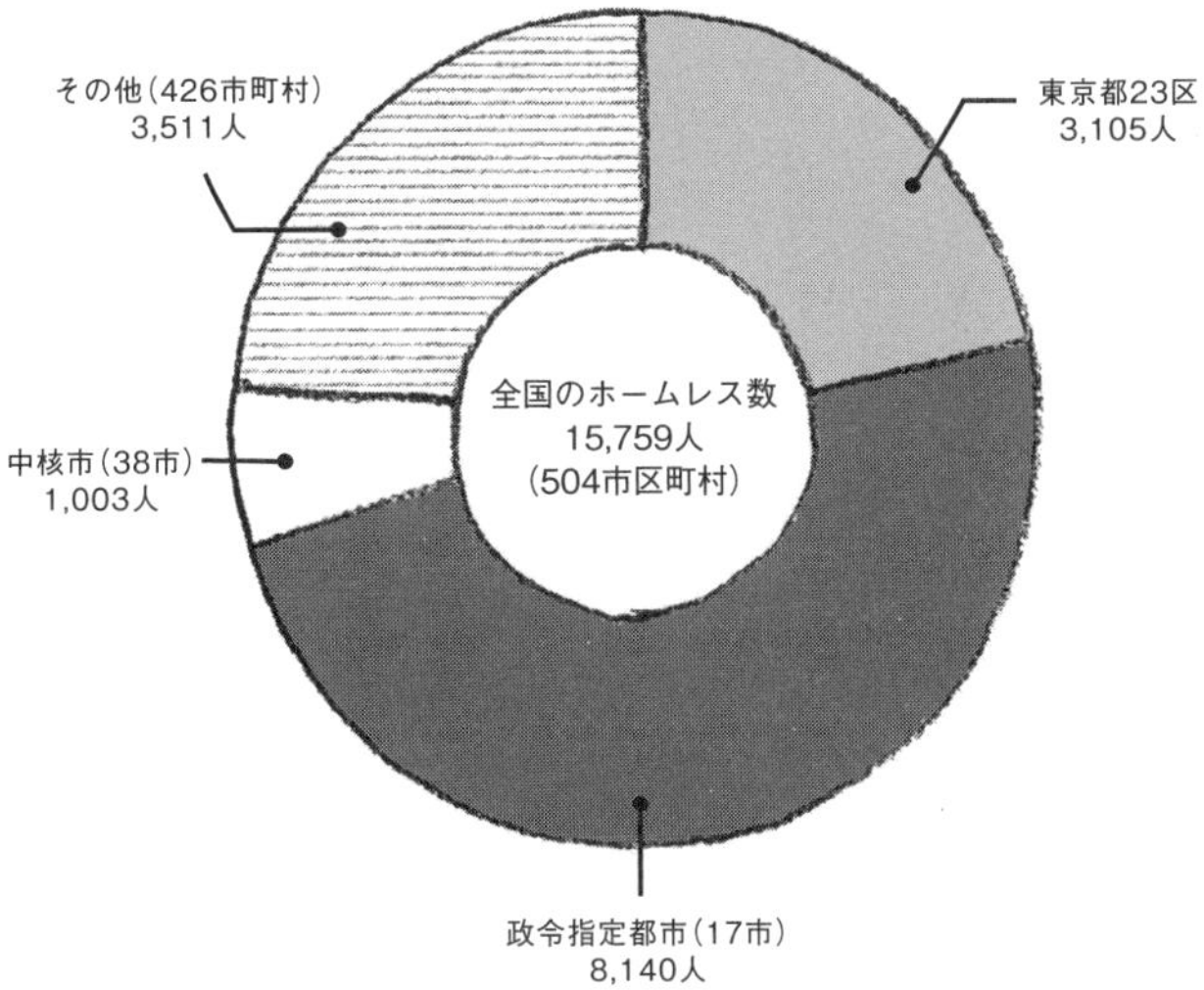

出典：厚生労働省「ホームレスの実態に関する全国調査（概数調査）」

れは皆無に等しい。

日本では年間およそ三十万匹もの犬猫たちが行政によって殺処分されている。家を新築した、子供ができた、壁紙と犬の毛色が合わなくなった……。さまざまな理由で、動物たちは、行政の動物愛護センターに連れてこられる。「あなたは、里親を探す努力をしましたか？」と飼い主に問いただす施設の職員もいる。誰も動物たちの悲しい姿など見たくはない。犬や猫は、おもちゃではない。確かに体温のある、今ここに在る生きものだ。動物たちが生きている感覚を、野宿の仲間たちは肌で感じているのだ。命のもろさも、はかなさも、喜びも、諸々を含めて。近年の著しいペットブームはとどまることを知らない。もののように犬猫は売買されていく。いい飼い主にめぐり合うかどうか、それは命をかけた博打だ。そして労働をきり売りされる野宿仲間たち。使い捨ての危機に翻弄されながら、労働の現場を転々としていく。

命という観点から見れば、地球に生きるものたちに本来「強い」「弱い」という区分などない。だが、この人間社会のなかでは、「強者」「弱者」という立場がいつの間にかでき上がってしまっている。強者の不条理な使い捨てによって弱者の命が脅かされる。無責任な飼い主に捨てられる動物たち。雇用者の都合で不要と判断されれば仕事を失う野宿仲間。野宿仲間たちが、「かわいそうに」と捨てられる犬猫を保護するのは、より不条理な現実を生きる犬猫への大きなシンパシーが生じることにもよるのではないか。野宿仲間が捨てられる犬や猫にやさしいのは、相手の気持ちが痛いほど分かるからに違いない。使い捨ての危機と隣り合わせの野宿仲間と動物たちが寄り添うように生きているのは、ある意味、きわめて当然のことであると思う。

「野宿になったのは自分の責任だ」と語る野宿仲間もいる。しかし、彼らが何日も食べられなかったり、恐怖を感じたりする日常を放置するのは、社会の責任といえるのではないだろうか。皆が安心して帰れる「あなぐら」がありますように。そのあなぐらを得る闘争は、今も続くのだ。人も動物たちも、ゆっくりと体を横たえて、誰にも脅かされずにぐっすり眠れる場所。

「五つの自由」は自己責任を問われない最低限の自由の保障だ。野宿仲間も動物たちも、心理的、身体的苦痛から解放されていくことができたら、そのときはきっと、わたしたち皆にとっても生きやすい世の中になっているはずだと信じている。

違っているからいい

人間多様性

二〇〇四年三月に隅田川医療相談会に初めて参加してから、六年の月日が流れた。その光景は年々着実に変わり、仕組みも刻々と変化《へんげ》している。

参加し始めたころは、パックに入った五目御飯のような「メシ」が野宿仲間に配布されるという、いわゆる配食スタイルだった。しかし二〇〇六年からは「共同炊事」という形を取っている。共同炊事では、野宿仲間も活動家も渾然一体となってごはんをつくる。ベニヤ板や建築端材などで一斉に組み立てられた簡易調理台に仲間たちがずらりと並び、手際よく料理したり盛りつけしたりする、その光景は圧巻である。食材費は、皆で集めたアルミ缶や銅線の売り上げが当てられている。食事が終わったあとは、「寄り合い」と称する話し合いが行われ、このなかで次回のメニューが決められる。

共同炊事は、「協働炊事」ともいえるのではないかと感じた。いっしょにごはんをつくる作業のなかで、野宿仲間とかボランティアとか活動家とか、そんな区別はいっさいないように見える。皆が生き生きと料理をし、楽しげに会話を交わしている。「ただ与えられる」のではなく「いっしょに分かち合う」という意味で、共同炊事は参加する人皆を、幸せにしてくれる温かい場だ。今やこの共同炊事でつくられるごはんも五百人分以上となっている。六年前には、参加する仲間の総数は百人ぐらいかなあと見ていたのに。共同炊事や相談会の会場であるツキヤマはちいさな公園なので、入りきらずに周りにも人があふれている。

世界的な不況で、野宿を余儀なくされている人たちは二〇〇八年ごろから急増した。メディアでも野宿問題が取り上げられる機会が多くなった。若い人たちの占める割合も高くなっている。各地の炊き出しや配食を転々としながら、なんとか生きながらえている野宿仲間もいるらしい。厳しい世の状況のなか、この共同炊事は「皆でいっしょに生きよう」というメッセージが含有されているようにも思うのだ。

ツキヤマを訪れる野宿仲間が増加し、医療相談会のテントにも人だかりができるようになった。それに伴い、医療従事者の数も増え、内科、感染症科、整形外科、歯科、精神科などのさまざまな専門分野の医師が参加し、さらには鍼灸のテントも設置されるようになった。どの医療従事者も、時間をやりくりして参加しているボランティアだ。

忙しい医師や看護師に代わって、野宿仲間たちに問診を取るのを手伝う若い学生の姿も多く見られるようになった。彼女ら、彼らにとって、野宿仲間たちのほとんどはお父さんやおじいさんの世代にあたる。仲間たちにとっては、子供や孫のように親しみを感じる存在だろう。問診という医療行為を通し、野宿仲間たちはこの世代を超えた交流を楽しんでいるようだ。

医療ボランティア、学生、そして野宿仲間という多種多様な人たちが混在している現場を目の当たりにすると、立場や肩書を超え、一人の人間同士として「共に在る」ということを感じる。

一方、動物医療相談会も、相変わらず続いている。だが、相談にくる人数は、本当に少なくなった。理由は二つ。一つは、隅田川テラスや周辺に暮らしていた家族動物を抱えた野宿仲間たちの多くが、生活保護を受けたり仕事が決まったことによって、動物たちと共にアパートや貸家に入ったこと。彼らが、動物医療相談会にわざわざ行かなくても、かわいい動物たちに問題が生じたときには直接わたしに電話をしてくれれば対応できるようにしている。また、相談会に来ない飼い主さんについても、山谷で活動をしている支援者を通しての対応が可能になった。人が多い隅田川医療相談会に連れてこられる猫などが「こんなに大勢の人を見たことがないよ！」とパニックになるのは動物にも飼い主にもストレスになるので、現在ではもっぱらテントを回っての往診が主流になっている。理由の二つ目。それは、動物と暮らす環境が、隅田川テラスでは失われつつあること。現在、隅田川テラスやその周辺では、新しくテントを設置することが行政から禁止されている。動物と暮らすのに、テントでなく完全な路上では厳しい。それでも、数名の野宿仲間と動物たちが、まだがんばっている。はなちゃん&ハッピーが、まさにその代表格だ。最近では、第三日曜日の医療相談会に顔を出しても、動物の患者がいないことを確かめると、「テント往診」に勝手に出かけるようになった。野宿仲間からのオファーがあってもなくても、のんびりテントを訪ねるのは、今や習慣のようになっている。荒川医療相談会の動物医療相談がどんどん忙しくなるのとは対照的である。

たとえ動物医療相談に訪れる飼い主さんがゼロになってしまっても、隅田川医療相談会はこの先もずっと続いていくのだろう。

隅田川医療相談会の立ち上げメンバーの一人、池亀卯女《うめ》医師は二〇〇一年のスタートから現在まで、ほとんど休むことなくこの医療相談会に参加している。卯女先生が大学生だった当時は、東大闘争として知られる学生運動が激化したころで、彼女は最後まで闘った戦士だった。医師となってからは、障がいを持つ子供たちや不登校や不適応などの子供たちと向き合った。さらに、日本で労働を続ける外国人労働者から「家族に届けてほしい」と託された荷物を背負って何度もパキスタンを訪問し、リサイクルの古着で得た利益をスラムでの学校設立や運用のための費用に回すなどの活動もしてきた。

山谷においては、おにぎりや衣服を売り、労働者福祉会館設立のために寄付を続けてきた。卯女先生は一人の人間を診るだけではない、社会全体の病んでいる部分の診療もしてきたのである。十年以上、山谷の野宿者支援活動にかかわり、野宿仲間たちと交流を続けてきた。医療相談会でも頼れるお母さん的存在として、ボランティアスタッフだけでなく野宿仲間からの信望も厚い。わたしも大きな信頼を寄せるベテラン医師は言う。

「野宿や日雇いの仲間たちにとって、自分の健康問題というのは、どうしても後回しになってしまう場合が多いと思うの。だって、今日自分がどこで寝るか、どこに荷物を置くかというのが最初でしょ。そして、お金が入れば、まず食べることが大事でしょう?」

この先の自分の人生、ビジョン、希望が見えない状態で、健康や医療というのは諦められることが多いものだが、しかし隅田川医療相談会のスタッフたちは諦めてはいない。野宿仲間たちは、具合が悪くなっても、直接病院にアクセスすることができないのが現状だ。健康保険証もなく、診察や治療に十分なお金もない。だからこそ、この医療相談会は野宿の仲間たちには命綱となっている。

「必要があるから、医療相談会は続くのでしょうね」と卯女先生が言う通り、隅田川医療相談会は、今では診察を待つ仲間で行列ができるようになった。自分自身をケアするという意識が、野宿仲間たちの間に確かに広がってきているのだ。そして、この相談会では「自分のカルテ」というちいさな冊子がある。既往症や病歴、治療内容などが書き込まれている野宿仲間自身が持てるカルテである。このカルテがあれば、万が一知らない病院に搬送されることがあっても、その病院の医師の診断や処置の助けになる。そして何より、仲間自身の命の大きな助けになる。

医療相談会は、野宿仲間の命をつなぐ場であると同時に、自分を大切にするという意識を各自が持つ場として、これからも必要とされるだろう。

今の世の中は「健康」「若さ」「清潔感」などを指向させるように動いている。そこからドロップアウトしてしまうと、「人と違う」ことにつらさを感じてしまうようなシステムが日本には確実に存在している、と卯女先生は指摘する。

「人と違っていると、人よりもだめだと思ってしまう。そう思わせる日本の社会っておかしいよね。いろんな人がいて当たり前。多様であるから社会は成り立つものです」と柔らかい笑顔で卯女先生。さらにこう続けた。

「『違いはあってもいい』ではなくて、『違っているからいい』」

世界には、「生物多様性（Biological Diversity）」という概念が浸透している。この生物多様性とは、地球上の生物が多様（種、遺伝子、生態系など）であり、相互につながって複雑に絡み合っていること、そして同時に自然の営みの豊かさを指している。一方、日本の社会では、「人間の多様性」はまだ浅いのではないだろうか。野宿仲間や、障がいを持つ仲間や、文化や宗教が違う仲間に対して、日本の風はまだまだ冷たいように思う。

隅田川の共同炊事では、特定の誰かがリーダーシップを独占することがないように、参加する仲間皆の意向を大切にするように、先にも紹介した寄り合いを行う。少数意見も大事に聞く。違っているいろんな人たちの平《たい》らかなつながりだ。医療相談も、支援する、されるというよりも、普通の病院より、医療者と患者の垣根が低いように見える。動物医療では、今や垣根も沈没し、「飲兵衛のまきちゃんが遊びにきてくれる」というところだろう。

それでいいのだ、とわたしは思う。

タコツボからクラーケンへ

共感力と手をつなぐ社会

「今日、クマが民家近くに出没しているから気をつけるようにと町内放送が流れていた。クマにも、うれしいことやつらいことがあるんやろうなあ」

これは「家庭の医学」という携帯電話のサイトのなかに設置されている掲示板に投稿されていた一言だ。インターネットの掲示板というと、匿名で無責任なものや、陰湿ないじめにつながるものも多い印象があったのだが、この掲示板は完全匿名制であるにもかかわらず、精神的・身体的な問題を抱える人たちが、お互いを思いやり励まし合いながら病気についての情報交換や近況報告をするさまざまなスレッドが温かく成立している。

この投稿は、目に障がいを持ち、鬱《うつ》とアルコール依存で通院している五十歳代の女性によるものだった。驚いた。「クマが出没」したら「怖いな、気をつけなくちゃ」という反応のほうが多いだろう。しかし、彼女はクマの心情に思いをはせ、たぶんクマの身を案じているのだ。

この投稿を見たとき、わたしの頭のなかをよぎったのは、野宿仲間と動物たちのことだった。自分が食べられなくても、家族である動物たちにはおなかいっぱい食べさせてあげたい、という彼らの気持ちと通じるものがあると感じた。自分がつらい思いをしている人は、相手のつらさがわかってしまう。同時に、相手のちいさな幸せも心から喜ぶことができる。これは、「共感（シンパシー）」という人間が元来持っている素晴らしい能力なのだろうが、年齢を経てつらさも温かさも経験してきた人ほど共感する力が強い感がある。家庭の医学の掲示板が、善意と思いやりにあふれているのもそうなのかもしれない。

共感がトリガーとなり、幸せな結果をもたらしているなと感じる物語がある。グリム童話『ブレーメンの音楽隊』だ。働き者だったけれど、年を取ってもう仕事ができなくなり、飼い主に追い出されたロバ。彼は「よし！　ブレーメンに行って、音楽隊に入ろう」と旅立つ。しかし、一匹で歩いているうちに、さまざまな不条理にぶちあたっている動物たちに出会う。狩猟ができなくなり、捨てられた元猟犬。ネズミが獲れなくなって飼い主に川に放り込まれて捨てられた、びしょぬれの猫。朝早くコケコッコーと鳴けなくなったので、明日スープにされる予定のニワトリ。共通するのは「年を取って仕事ができなくなった者たち」というところだ。

「いっしょにブレーメンに行って、音楽隊に入らないか？」

ロバは出会う者たちを朗らかに誘う。彼は、飼い主からの酷い突然の解雇に、すさまじいショックを受けていたに違いない。だからこそ、道中出会う使い捨てにされた者たちの気持ちに共感したのだと思う。泣いていないで、皆で幸せになろうよと声をかけたのだろう。

その後、四匹の元働き者の動物たちは、灯りのともった家でごちそうを食べる泥棒たちを見つける。そして、全員で大声で鳴いて家のなかに飛び込み、泥棒たちを撃退する。結局、彼らはブレーメンには行かずに、四匹で仲良くその家で幸せに力を合わせながら暮らすのだ。小気味よいハッピーエンドの話である。

ここで心打たれるのは、共感が強烈なパワーになっている点である。

ロバが一匹でブレーメンへの道をとぼとぼ歩いていたら、切なさのあまり行き倒れになってしまったかもしれないし、泥棒を撃退できる知恵も実行力もなかっただろう。しかし、不要のレッテルを理不尽に張られた犬や猫やニワトリと出会うなか、お互いの共感力も高まると同時に、結束力につながっていったのではないか。

共感は、状況を変えるパワーをはらんでいるに違いない。

共感のミラクルは、もっと緩やかなところでも起こりうる。完全に相手と同じ立場でなくとも、人間には「想像力」というやさしい味方がいるからだ。野宿問題でも動物保護でも、「ボランティア活動がしたくて」活動に飛び込んでくる人などほぼいないだろう。困っている人や動物を、なんとかしたいのだ。困窮している相手の悲しさやつらさに共感できるから、何か自分にできることはないかと考える。自分がそこまでつらい状況を知らなくても、相手のつらさを想像できる能力が人間には備わっている。つらさを緩和するだけではなく、相手のハッピーな姿を見たいと思う。

想像力と共感力が手をつないだときの効果はきっと絶大である。そして、そこにはにっこりするような偶然もときどき、手を貸してくれる。ブレーメンをめざすはずのロバが偶然、同じような境遇の仲間たちに次々出会ったように。

二〇〇三年の秋、なすび氏との再会は偶然だった。今思い返すと必然だったかもしれないけれど。六年以上の時を経て、もう一度、なすび氏と飲む機会を得た。

「なすびさんは、どうしてあのときわたしになんの指示もなく、野宿問題の現場に置いてくれたの?」

水割りの氷をからからさせながら、少しだけトゲを含んだ口調でわたしはたずねた。

あははと豪快に笑いながら「自分の目で現場を見て、自分の頭で考えてほしいって思ったんだよね！　先入観なく、誰かから言われてやるのではなくて」となすび氏。

それは真理かもしれないと思った。「アドバイスしないことがアドバイスなんだよ」というなすび氏の無言の温かいメッセージが頭のなかに聞こえた気がした。

六年前、わたしは「たこつぼ」にじっとしていた。続けていた動物保護（共生）にかかわる活動のなかで、もうこれ以上は無理だと自分で枠を決めて、耳をふさいでじっとしていた。当時は、それまで熱心だった異分野交流にも消極的だった。だがたこつぼからは出なくてはいけなかった。野宿仲間と彼らの家族動物たちが、目の前に「今、在るもの」として現れたときに、わたしはたこつぼからドツボへはまっていった。でも、そのドツボも今は「クラーケン」に姿を変えた。

クラーケン。それは、きわめて古くから、船乗りたちの間で語り継がれてきた伝説の動物だ。あまりに巨大過ぎて、全容を海上に現すことができず、あたかも浮島のように漂う、巨大なタコなのだという。タコという説もあれば、イカ、クジラ、という説もある。クラーケンはやさしい。人を襲うことがないので、人々はクラーケンの背中の上で歩いたり焚き火をしたりできるのだという。

クラーケンは、希望を抱いた社会のようだ。幻想ではなく、人々の共感が生み出した巨大な生命体。たこつぼのなかで自分の主観やイデオロギーに捕らわれてひっそり悩むのではなく、さまざまな形態をしたタコが、八本の足を駆使して偶然出会ったタコ同士交流をし合う。そこに、共感が生じる。柔らかい連帯感のなかで、誰かが「海面に行ってみないか」とつぶやく。荒れ狂う嵐の海だ。ちいさなタコたちは、それぞれの特性を生かしながら、大きな浮島をつくろうとする。「クマにもつらいことが」と書いた女性も、ブレーメンをめざしたロバも、犬や猫を抱いた野宿仲間たちも皆でいっしょに。

クラーケンという名の浮島は皆の共感でできた大きなタコ。平和で、誰かを排除することもなく、新たにやってきた仲間を背中に乗せて、たゆたいながら進化する。

ゆっくりと、着実に。

「動物たちの現状をなんとかしたい」というわたしのたこつぼ的な気持ちは変わることがない。でも、野宿の仲間たちが、彼らの家族動物たちが、そして彼らといっしょに闘う人々が、教えてくれた。

「人も動物も、当たり前に暮らせる世界になってほしい」という皆の切実な願い。

種や立場をこえて、相手を思う共感力。

クラーケンの背中の上には「共感」という虹みたいな希望がある。

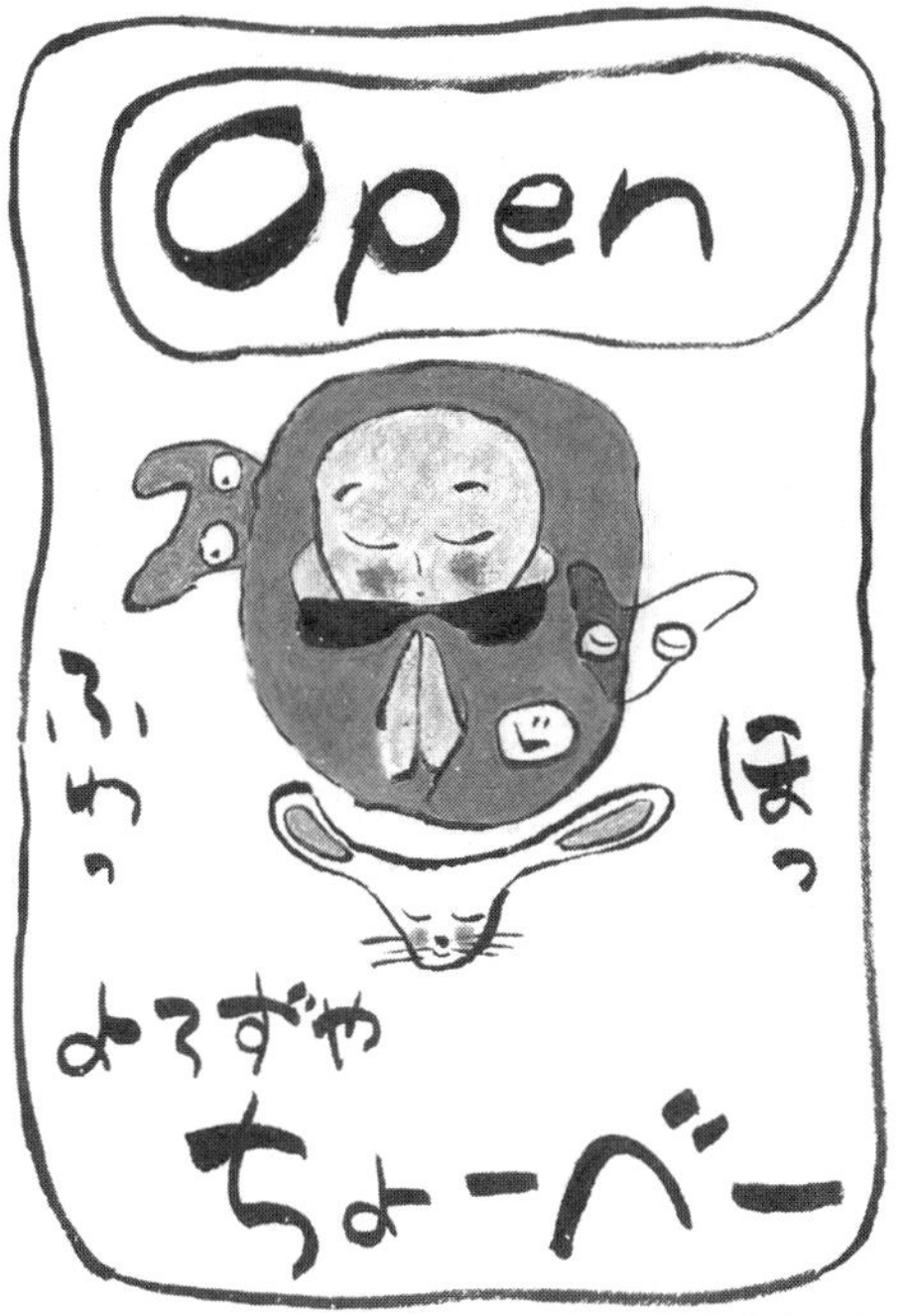

伊藤 純 画

エピローグ

二〇〇八年の暮れ。大阪・西成公園に暮らすカタヤマさんが入院したとの知らせが入った。十二月の始めに居酒屋「はな」で出会ったとき、確かに彼は少し元気がなかった。

「癌です」

カタヤマさんは、いつものようにのん気な調子で、まるで本日の朝ごはんのメニューを告げるかのように言った。

「どこの癌とか、野暮なことは言わないけど、でもまあ大丈夫！　またいっしょにビートルズでも聞きながら、飲もうね」

電話口の彼の口調は、いつものように陽気で穏やかだった。

二〇〇九年の年明けは、日比谷公園で敢行された「年越し派遣村」の話題でもちきりだった。その頃、カタヤマさんは大阪市内の病院で、ひっそりと手術を受けていた。わたしは、上京していた大阪で小学校の教師をしている橋本先生と山谷を歩いていた。

「カタヤマさん、昨日手術じゃなかったかなあ。電話してみようか」と橋本先生。

「はい、こんにちは」と電話口に出たカタヤマさんは、ろれつが回っていなかった。

「今日が手術だったの。麻酔からようやく覚めてきたよ〜」

「ええっ！　ごめんなさい！　昨日が手術って思ってたから」

橋本先生も、わたしもちょっと慌てた。

「いやあ、生きてるよ、電話ありがとう」

カタヤマさんはそう言ってから、何かくだらない冗談を言って、電話をきった。術後、麻酔が覚めたときの苦しさや痛みはハンパではないはずだ。しかし、彼の口から出たのは苦痛を訴える言葉ではなく、いつものジョークだったのである。

入院中のカタヤマさんの愛読書は、『広辞苑』だった。

「とにかく面白い！　なかのさんにも読むことをすすめるよ！　日本には、こんなにたくさんの美しい言葉があるんだねえ」

文士である三島由紀夫が、晩年に、十歳の少女にやさしく言ったという言葉がわたしの頭のなかをかすめた。

「おじさんはもうすぐ死ぬけれど、そんなおじさんが、責任をもってあなたに読むことをすすめられるのは、辞書だけです」

カタヤマさん、死ぬのかな。申し訳ないが、そのときわたしは勝手にそう感じていた。

手術で癌は取りきれなかったと聞いた。彼はもがきもせずに、心静かに運命を受け入れる覚悟が決まっているのだと思った。

ちょうどカタヤマさんの具合が悪そうに見えた二〇〇八年の十二月。彼がかつてバリバリのヒッピーだったころに親交のあったという、地球規模の野宿仲間で詩人のナナオサカキが亡くなった。八十歳代半ばだった。世界中を放浪し、家を持たず、自作の美しい詩を朗読してきた彼が亡くなったときのエピソードを、『アイ・アム・ヒッピー』などの著書で知られるポンさん（山田塊也）は、こう記している。

全てのカルマを果たし終えたナナオは、大いなる安らぎのうちに、転んだついでにあの世へ旅立った。アキからの電話でナナオの死を告げられたとき、私は思わず叫んだ。「お見事！」

（「なまえのない新聞」No.１５３）

ナナオさんが亡くなったことを伝えたときも、カタヤマさんは「ふーん」と言っただけだった。彼にとって、「死ぬこと」は「怖がることではなく、生きてる皆が向き合う普通のこと」なのかもしれない。それが自分自身の死であっても。

二月の中旬、カタヤマさんは退院した。カタヤマさんの退院祝いをしようと提案したのは、大阪のアニキ津田くんだった。三人で西成の回転寿司屋で乾杯した。退院後もカタヤマさんは西成公園から治療のために通院しなくてはならない。つかのまの休息である。

「ここはわたしに払わせてください」

決して裕福ではないカタヤマさんが食事の代金を払い、そして彼は津田くんの車で病院まで去っていった。


「おれ、野望があんねん」

二月下旬、大阪の雑踏のなかで、たこやきをつつきながら、津田くんが言った。乾いた空気のなか、ビールが喉に心地よい夜だった。

「俺、カタヤマさんに、オンちゃんとゴンちゃんを会わせてあげたいねん」

オンとゴンというのは、カタヤマさんが動物管理センターから奪還して西成公園で保護していた犬たちである。カタヤマさんが拘留中に里親さんの元に旅立って、現在は幸せに暮らしていることを津田くんから聞いていた。

津田くんの目は真剣だった。カタヤマさんが西成公園のテントに戻ってから、津田くんは仕事の合間をぬって、彼に本や食べものや癌に効くというキノコなどを差し入れていた。

「ぜひ、お願いしたいなあ」

わたしも真剣に応えた。

その直後、津田くんは、カタヤマさんを車に乗せて、オンが暮らす宝塚市へと飛んでいった。オンは、先住犬のしょう共々すっかり室内犬としての暮らしを満喫し、コロコロと太って元気だったそうだ。カタヤマさんは、大きな笑顔でオンとの再会を果たしたらしい。普段はメールなどなかなかしない津田くんから、何枚も何枚も、カタヤマさんとオンのツーショット写真がわたしのメールに届いた。

「『今日はいい日だ』ってカタヤマさんがつぶやいていた。俺もまったく同感です。俺も、『今日はいい日』やった。」

津田くんから届いたメールは一言だけだった。

「今日はいい日だ」

わたしも、思わず伸びをしながらつぶやいた。

今日は、久しぶりに手紙にしました。
拘置所にいた頃を思い出す。
いま、呑みながら書いているのでまとまるかな。
二月二十八日　津田君と宝塚のＨＡＭＡさん宅へ。オンタの里親となってくれた人の家です。オンタと再会、オンタは幸せになりました。ゴンタとオンタを幸せにしてくれた皆さん、ありがとう。写真同封します。
三月八日　津田君が公園に差し入れを持ってきてくれた。以前にも差し入れしてくれました、衣類ほか、たくさん。癌に効果があるといわれているアガリクス茸の濃縮エキス、毎日飲んでも一年はある量です。フランス産ワインもいただきました。ありがたく。本三冊も。
三月十一日　公園のネコの不妊手術してきました。ぼくにできることは、公園のネコを一匹でも多く去勢不妊手術したいと思っています。アルバイト暮らしであまりお金もないので、月一匹のペースでと思っています。なかのさんや津田君からいろいろ教えられました。こんどは、ぼくが行動を起こす番です。

ちょっと酔ってきた。いい感じだ。シアワセを感じている。シアワセは感じるものなのだ。

今日はいい日になった。酒も旨いし、曲もいい。猫がこっちを見ている。

雨が降ってきた。雨の日は雨音を肴に呑むのもいい、F分の1だ。

パティ・ページのテネシー・ワルツが流れている。いつ聴いても何度聴いてもいい曲だ。名曲だ。静かに降る雨だ、雨音が耳に心地いい。

ぼくの雑記帳にはこんな事が書いてある。羅列、以下。

クロマグロ、クジラ、絶滅の危機、といった海の環境破壊について。

子孫に健康な地球を残したかったら、美食（グルメブーム）など恥ずべき行為であるはずだ。すべての横暴かつ、特権的、かつ不寛容な体制に対するすべての反逆者をぼくは支持しています。

正義は飾りではない、行動することなのだ。

人間が人間らしく生きることができにくいこの社会は病気だ。ぼくたちは魂を売り渡さねば生きていけない世に暮らすのか。

O君（警察）：食って寝るだけ、それで人間といえるのか、それじゃブタと同じじゃないか！

K：それはブタに失礼じゃないか。

O君：あなたは、人間がブタと同じだとでも言うのですか。

K：そうです。この世に生きているもの、一個の生命体として見れば、人間がブタをことさら軽蔑できる理由などありません。

O君：それじゃ、おたずねしますが、人間はアリと同じだとでも考えているのですか。

K：イエス。姿や形は違っていても、人間がブタやアリを自分たちより劣ったものとして蔑視することには反対です。もちろん、宗教の異なるヒトや文化の形態が違うヒトや肌の色がことなるヒトや性が違うヒトたちを蔑視することにも反対ですけど。

人間は傲慢になりすぎた。
ほかの動物や草木と同じような存在だという謙虚な気持ちにもどる必要があるのだ。

大気に漂う　光の粒であった生命。
生命は光の粒だ。
ぼくは今のままのぼくがいい。
見栄を張らず、余計な物は持たず、
物や金の力で他人に圧力をかけず、
貧しいために心や頭の働きが愚鈍になるのではなく、

貧しくとも、むしろ貧しいからこそ心豊かに悠々と、
貧の暮らしを楽しんでいきたい。
今のままのぼくでいい。

ヒッピーは死ぬまで旅をしていなければ嘘だと若い時、ずーっとそう思っていた。
行く道を忘れたヒッピーはどこへ行くのか。

そろそろ夜明け・外は雨・猫は夢の中。
なかのさんに、皆に、よい日がいっぱいありますように。よいことがいっぱいありますように。
山崎ハコを聴きながら……オヤスミ。

二〇〇九　三月吉日

片山光昭
（カタヤマさんの手紙）

ラブレター

ナナオサカキ

半径　１ｍの円があれば
人は　座り　祈り　歌うよ
半径　10ｍの小屋があれば
雨のどか　夢まどか
半径　１００ｍの平地があれば
人は　稲を植え　山羊を飼うよ
半径　１㎞の谷があれば
薪と　水と　山菜と　紅天狗茸

半径　10㎞の森があれば
狸　鷹　蝮　ルリタテハが来て遊ぶ

半径　１００㎞
みすず刈る　信濃の国に　人住むとかや

半径　１０００㎞
夏には歩く　サンゴの海
冬は　流氷のオホーツク

半径　１万㎞
地球のどこかを　歩いているよ

半径　10万㎞
流星の海を　泳いでいるよ

半径　１００万km
菜の花や　月は東に　日は西に
半径　１００億km
太陽系マンダラを　昨日のように通りすぎ
半径　１万光年
銀河系宇宙は　春の花　いまさかりなり
半径　１００万光年
アンドロメダ星雲は　桜吹雪に溶けてゆく
半径　１００億光年
時間と　空間と　すべての思い　燃えつきるところ

そこで　また
人は　座り　祈り　歌うよ
人は　座り　祈り　歌うよ

1976　春

（ナナオ　サカキ詩集『犬も歩けば』野草社刊）

微笑して正義をおこなえ

橋爪竹一郎

　二十年ほど前、新聞社に勤務していた私は東京文京区にあった、野上ふさ子さんが代表を務める動物保護団体を訪ねた。そこに居合わせたのがなかのまきこさんだ。仙台からやってきたといい、まだおかっぱ頭で、ほとんど口をきかず、ときどきちいさな笑みを浮かべた。日本人形のようにあどけない女子高校生風だったが、自分で文章や絵をかいて、動物保護の雑誌『ひげとしっぽ』を出していると野上さんが紹介してくれた。

　その後、なかのさんを素材にいくつかコラムを書かせてもらった。往時のなかのさんを伝える文章を再録させていただく。

「飢餓、殺戮《さつりく》、内戦、空爆、難民。悲惨な映像やリポートに接しても心に収まるときは結局、一枚の遠い絵になってしまっていることが多い。平和で豊かな日本に住むわたしたちは悲惨をドラマのように鑑賞し消費することはできても、そのあと行動し生産に移すことはできないのだろう。いつか、難民救済で奮闘する評論家の犬養道子さんが、日本人の想像力の欠落、と嘆くのを聞いた。

人から動物へ話は移るが、仙台市に住む中野真樹子さんは5年前、東京の医大を受験した。答案を書いているとき、ただならぬ犬の悲鳴、絶叫を耳にする。試験のあと、会場の周りを探すと、動物実験をしている研究棟があった。立ち入り禁止だ。

試験は不合格だった。浪人を覚悟していたが、それより密室の動物たちの運命が気になってしかたない。

内外の資料を取り寄せた。縛りつけた猿の頭に前後から鉄の塊をぶつけて衝撃度をはかる、猫の脳に電極を埋める、涙が出ないウサギの目に有毒液体を注いで目がつぶれるまで化粧品のテストをする——などなど。

分厚いコンクリートの中で動物たちはどんな目にあっても逃げ場がない、訴えていくところもない、ヒトの言葉も話せない。中野さんの想像がふくらんだ。

東京の国際畜産見本市や各地の農場を見学する。

一片の土も太陽もない工場に押し込められた、例えばヒヨコたち。過密状態だと気がたって傷つけ合う。それを避けるためにヒヨコは流れ作業でくちばしを折られていく。

おびえて小さな目をつぶるヒヨコ。ときに機械は誤って舌を切り落としてしまうこともある。小さなヒヨコの大きな絶望。

こんな見聞を文とイラストで綴り、これまでに5冊自費出版した。途中から地元の出版社が応援してくれ、しめて6000冊近くが全国に散らばった。いまや中野さんを取り巻く個人シンパは九州から北海道まで500人に広がっている。

この夏、実家から少し離れた農村で野生サルの保護活動に取り組んだ。でも苦心のリンゴがサルの被害にあって悩んでいる農民の姿を知り、頭で思っているほどたやすくないこともわかった。柔らかな想像力は既成事実の鵜呑みや、ヒステリックな思い込みや、度の過ぎた被害者意識からは生まれない。ヒト、動物を問わず、相手の立場がわかる能力、といってよい。」（1992年9月・朝日新聞）

もうひとつ。

「中野真樹子さんからの便りが届いた。蔵王の山々の南にある宮城県七ケ宿町の野生サル問題に取り組んでいるそうだ。200匹以上が出没し、リンゴなど農作物の被害が深刻だという。

けれど――以前はこうではなかった。町の奥の自然林が健在で、ドングリなどエサがじゅうぶんあった。森はサルの天国だったが、自然林が伐採され、スギの人工林に変わった。エサがなくなり、サルは危険な人里へ出るほかはなくなった。人間に追い出されたのだ。

いや、このサルたちの受難の歴史はもっと古い。先祖は福島県側の森にいた。それがリゾート開発で追われ、県境の山を越えて宮城県側に移り住み、いままた新たな危機にさらされている。サルたちは内戦の銃撃戦や空爆に巻き込まれたウシたちと同様に、なぜ自分らがこうした運命をたどるのかよくわからないはずだ。

そうはいっても、農民たちもまた被害者なのだ。農民とサルが敵対者として向かい合うのはいかにも悲しい、と中野さんは共存の道を模索している。

各地のサル問題の情報を集める一方で、昨年夏、地元に廃屋を借りた。頭で考えるだけでなく、現場を肌で知ろうという試みだ。呼びかけに応じて全国から延べ40人の若者がこの基地にやってきた。

うれしいことに農民のなかにも中野さんらの運動やサルの立場に理解を示す協力者もいる。春から中野さんらは畑を借り、具体的な農作業を通じてサルとの共存を考えていく。『ここは日本のほんの片隅だけど、ここを治すことが地球を治すことに通じる』と信じているそうだ。アルバイトをしながら動物保護の本を書いたり、自費で活動報告『ひげとしっぽ通信』を出している。」（1993年1月・朝日新聞）

こうして私はなかのさんや野上ふさ子さんらに感化されて動物保護や動物実験の問題にのめりこんでいった。書いた記事は社内外でそれなりに反響もあり、達成感があった。一方で毎晩、自宅近くの川辺でノラ猫たちにエサやりを続けた。猫たちは時間、場所を心得ていて、私を待ってくれている。月夜の晩など「どんなご縁で私と猫たちはここに遭遇しているのだろうか」みたいなロマンチックな気分にもなった。

しかし、そんな悠長なムードはすぐに消えた。ノラ猫はつぎつぎ増える、それにつれて増える住民とのトラブル。ノラのえさやりをした人ならだれもが経験するおなじみの図式だ。住民の声はさまざまだった。「警察を呼びますよ」「子どもが汚れるから、この街からノラ猫を一匹残らず追い払う」「わが家は犬を飼っている。犬は大好きだが、猫は見るのも嫌い！」「そんなにノラが好きなら家にお持ち帰りください」

こちらもムカムカして自分から一一〇番にかけて、かけつけた警官とパトカー内で動物保護を怒鳴りあったりした。

ボランティアの人たちに手伝ってもらって避妊手術のための捕獲作戦をした。自分で引き取ったのもある。しかし、ノラ猫はふえるばかりだ。ひとつひとつ命を輝かせているカしらをどうすればいいのだろう。

ある会合に出席した。しっかり者風のおばさんが力説する。「ノラ猫は天文学的に増え続ける。いくら避妊しても、飼い主を探しても限度がある。実験動物の予備軍を量産しているようなもの。安楽死させるのがいちばん。私が腕の中でやさしく安楽死を請け負ってあげる。持ってきてほしい」

なるほどと思った。しかし、その帰り道、「あの人はじつはノラ猫を集めて動物実験用に横流ししているというわさを聞いたわ」とひそひそ話が聞こえてきた。そういえばおばさんの口調は慣れていた。いったいどっちが本当なのだろう。

別の会合では、自分は飼わないで、ボランティアの人たちの家にダンボール箱いっぱいの子猫を送りつける動物愛護気取りの人たちのことが話題になった。「ノラ犬が車にひかれた！　治療してあげて」と獣医に通報してくるケースも多いという。動物はかわいそう、でも自分は世話はしないというはた迷惑な保護活動家がけっこういるのだ。

私たちの社会は人間が主人公だ。人間でない動物たちには何の権利も駆け込み寺も警察も裁判所もない。そんなルールのなかで保護活動家のみなさんは無力な動物たちを守る孤独な戦いを続けている。新しい価値観を目指す、それこそ革命ではないか。心底そう思った。

ほとほと疲れてきた。自分はノイローゼじゃないのか。どんより重苦しい日々。そんなある一日の出来事をコラムに書いた。

「その日はなんだか心にひっかかる1日だった。

朝。出勤のとき、子猫たちがビニール袋のごみをあさっている。『またか』と心がくもる。このあたりはよほど猫が捨てやすいのか、定期的に子猫がたむろしている。やがてカレらは一定の段取りをへて姿を消す。

まずエサをやる人が出てくる。しばらくは楽しげな幼年期が保証される。そのうち、水をかける人が登場し、いつの間にかどこかへ処分されていく。2年ほど前までは『エサをやるな』『捨てた人間が悪い、猫に罪はない』の張り紙合戦もみられた。

祝福されない生を受けたカレらの運命は決まっている。路上での凍死、餓え死、ガス室で悶死、または脳に電極を組み込まれたり、手足を切り刻まれたりの実験動物になって、この世を去る。いま目の前でじゃれあっている子猫たちも同じようにサヨナラしていくのだろう。

昼。女性読者からのお便りが届く。高校の教員だが、難病のため、休職中という。《ある老いた野良猫に6年間不定期にエサを与えてきた。近所からうるさく言われ、最近エサを食べにきたところをだましてつかまえ、捨ててきた。猫はすっかりやせ衰えていた。猫がいなくなってみると、これまで私が猫を育てていると思っていたが、私のほうが猫に慰められていたのだと気付いた。

ある夏、この猫から何匹かの子猫が生まれたが、飢えと猛暑でひからびて死んでいるのを目撃したこともあった。明日の命のわからない猫でも今日をやっぱり淡々と生きている。私もあまりくよくよせずに今日を生きてみることにしよう……》」（1993年12月・朝日新聞）

まもなく私は動物保護・動物実験から逃げ出した。ほんの入り口をのぞいただけで、革命運動から早くも脱落した。なかのさんらに触発され、気まぐれに燃えあがったが、動物保護はロマンチックでもおセンチでもきれいごとでも務まらなかったというわけだ。

以来、なかのさんとの交流は途絶えた。新聞社も定年になった。なかのさんにだぶらせた私の動物保護の日々は遠い過去になろうとしていた。それが先日、たまたまネットをみていてなかのさんの消息を知った。獣医師になっている。動物実験をせずに、代替法で単位をとっている。やっぱり、なかのさんは動物実験反対を貫いたのか。えらいなあ、初志貫徹！　私は素直にうれしかった。大学の卒業論文のタイトルは『教育現場における動物実験代替法の導入について』といい、ネット上に公開されていた。

急になかのさんに会いたいと思った。再会の場は大阪道頓堀の橋の上ということにした。小柄で若ぶりな風姿、ちいさく笑う表情は以前のままですぐに分かった。いま山谷と釜が崎を定期的に訪ね、ホームレスの人たちが世話している犬や猫を診察しているのだと、彼女はうれしそうに話した。一緒に釜が崎に向かった。歩いていると、ホームレスの人たちがあちこちから手をあげてくる。犬を散歩させていた居酒屋のおばさんが声をかけてきた。公園からも自転車のおじさんが呼びかけている。なかのさんの控えめな笑み、口数の少なさは相変わらずだが、そのまなざしは実験動物やノラの犬猫たちだけでなく、ホームレスの人たちやその周辺の人たちにも広がっているのだ。

故郷仙台から離れても、サルを始めとする野生動物の問題にはいまだに関わっているという。

約二十年の歳月が流れている。そうか、なかのさんはあれからもずっと「ブランドものの動物」とは無縁に悲惨な実験動物やノラたちと関わってきたのか。自費で東京、大阪を往来し、無料治療を続ける彼女はほかの獣医さんに比べて財布は豊かでないだろう。なかのさんは口に出さないが、いろいろな辛苦とハンディが想像された。それでもいまも二十歳のころ踏み出した革命戦線にとどまっているのか。

人見知りなちいさな笑いに隠された、さりげなくしたたかな行動力。ふと、いつかどこかで読んだ「微笑して正義をおこなえ」という言葉がよぎった。

橋爪竹一郎（はしづめ・たけいちろう）
1938年生まれ。元朝日新聞論説委員。元箕面市教育委員。現在は宝塚大学教授（旧宝塚造形芸術大学）。

命の尊厳

藤原英司

今、私の手元には、なかのさんが出版した二冊の本がある。ひとつは「ハッピーワークブック1」で、B5版、二十七頁、定価三百円。もう一冊は「ひげとしっぽ VOL.2」百五十八頁で、価格記載なし。出版元は二冊とも、「ひげとしっぽ企画」。発行は、いずれも一九八九年。今から二十年ほど前のことである。

二冊の本には、二〇一〇年の今日でも未解決の動物をめぐるさまざまな問題が取り上げられている。例えば、畜産動物の悲惨な飼育の実態や、人間の肉食と菜食の問題、捕鯨問題、医薬品や化粧品開発のため実験に使われる動物たちの苦痛に満ちた一生、クローン生物の実態などへの告発記事などが写真やイラストと共に掲載されている。そのイラストは、なかのさんが自分で描いたものが多い。

以上の二冊には、なかのさんのすべての能力と、あらゆる生きものへの思いがこめられているだけでなく、未だに解決されていないさまざまな社会的懸案が網羅されているといっていいだろう。

なかのさんがアラスカを歩いていたころ、私も同じようにアラスカやカナダ、アメリカ本土などで動物を求めての旅をしていた。なかのさんから、突然アラスカでヒグマを見たという知らせをいただいたときには、かなり驚いた。というのは、アラスカヒグマは、とても危険な猛獣とされていたからだ。しかしなかのさんからのヒグマを見たという知らせには、危機感などまったくなくて、まるで大きなおとなしい動物を見ましたという程度の、牧歌的なお知らせだった。

なかのさんには動物たちに警戒心を抱かせないようなオーラが生まれつき備わっていて、それが動物たちに安心感を与えるのではないかと思う。そしてその安心感は動物の一種である人間にも同じように作用して、その心的な特技が周囲の人々にも、後になかのさんがかかわりをもつことになる野宿者の人々にも伝わって、心温まる交流に発展しているのだと思う。

だが、なかのさんの温かさは、ただやさしいというような表現では済まないものである。強い信念に裏打ちされた「するべきことはする」という強靭さを秘めている。なかのさんが社会生活を経験されたのちに獣医師の道を選び、動物のための「赤ひげ」先生になったことに、それがよく現れている。

多忙な生活を送るなかのさんに、日々経験したことを文章化して送ってほしいと依頼したのは、もう十年も前だろうか？　ときどき送られてくる動物を巡る話は、「エルザ自然保護の会」の会報に掲載させていただき、好評だった。なかでも「日本一の旅ウサギ、うーちゃん」の話は、特に多くの人を魅了した。高知の山奥の農場で出会った小さな雄の子ウサギのうーちゃんは「斜頸《しゃけい》」という病気だった。耳の奥に細菌が入り込んだりして頸《くび》が曲がってしまう病気だが、うーちゃんの場合は九十度以上頸が曲がってしまっていて、すぐにひっくり返ってしまうのだという。それでも、うーちゃんはなんにでも興味を示し、なかのさんといっしょに汽車に乗り、船に乗り、飛行機にまで乗って、半端でない旅を続ける。そして二〇〇三年七月に、なかのさんは出張先で、うーちゃんに異変が起こったという知らせを受ける。家に戻ったなかのさんはうーちゃんを見て、先が短いと感じる。そして、最後の旅になるだろうと予感しながら、うーちゃんを連れて調査の旅に出るのである。以下に、その最後の部分を紹介しよう。

「車の中で、うーちゃんはわたしの膝の上で静かに転がっていた。ずっと食欲がなかった、といううーちゃんだったが、何を思ったのかコンビニで買ったカップのサラダを半分食べた。ときどき私を確認するかのように傾いた首を伸ばそうとする。バランスが取れなくて、また転がってしまう。夏の夜中の湿気を含んだ風が、車窓越しにうーちゃんの少し汚れた毛皮をなでていた。

東京を出て、郊外の宿に泊まるときも、こっそりとうーちゃんを連れ込んだ。そっと部屋の隅に寝かせると、彼はバスケットから首を伸ばしてこちらを確認していた。細切りのニンジンを少し食べ、レタスを一枚ぐらい食べると、静かに眠り始めた。なんとなく、もう別れが近いのを直感的に感じた。

岐阜の上宝村。古い民宿に着いたとき、もう、うーちゃんは起き上がることができなかった。できるだけ動かさないように……気を遣いながら夜を過ごした。冬の静かな高知の山奥から連れてきた彼は、いま、夏の岐阜の山奥で生涯を終えようとしている。どれだけ、旅をしたんだろう。どれだけ、みんなを幸せにしてくれただろう。心からありがとう、と思い、そしてごめんなさい、と思った。

その朝は嵐だった。台風の上陸に伴い、激しい雨と風が部屋の窓を叩いていた。うーちゃんは、とても静かに、私の膝の上で息を引き取った。最後、大きな深呼吸と伸びをして。ふっと、うーちゃんの体が軽くなったような気がした。そのあと、ずっしりと重くなった。

うーちゃんは、今、京都の山の中に眠っている。さいごに彼を見送る線香花火をしたことを、今も思い出す。あの天衣無縫な冒険家の彼は、地上での旅では飽きたらず、次は天空の旅をしているのかもしれない。だから、きっと銀河鉄道だ、今度は……と思う。

こんな小さな生き物が、ヒトのあいだをすり抜けながら、海を渡り、空を飛び、陸を駆け抜けて生きていったこと。ハッピーの種をまきながら、旅に生きたウサギのうーちゃんのことを、いつも思い出しては、私も幸せな気持になってしまう。

動物実験の現場で、または毛皮をとる目的で、ウサギはたくさんたくさん犠牲になっている。

世界中をはねている、勇敢で賢い、うーちゃんの後輩たちが、どうかこれ以上泣くことがありませんように。本来ウサギは、決して弱々しい保護の対象ではない。好奇心とパワーに満ちた、うつくしい、やんちゃな兄弟なのだ。と、わたしは思う。」

全編に流れる静謐《せいひつ》で純粋な動物への愛情といつくしみが読む人の心を動かす。うーちゃんの死を静かに受け止めるなかのさんに多くの読者が心を重ね合わせ、ウサギも私たちと同様にこの世に命を与えられ、精いっぱい生きる私たちの仲間だと実感した。うーちゃんを知った人たちは、頭ではなく、心で、ウサギに対する過酷な動物実験がどんなに不当なものであるかを悟ったのである。

私たち人間はさまざまな動物をいろいろな形で利用して生きているが、命の尊厳という観点から、動物のことをどう考えればいいのだろうか?

これは大きなテーマであるだけでなく、日常、動物とどのようなかかわり方をしているかによって、人それぞれに千差万別であり、割りきって簡単に論ずることのできない難題である。しかしどのようなかかわり方をしているにしても、それぞれの人が、しっかり心に留めておかなくてはならないことがある。それは、それぞれの生きものの命は、ただ一つであり、その命を奪えば、元に戻すことはできないということである。一旦失われた命は元の生きた状態に戻すことはできない。この、ただ一回限りということから、命の尊厳と貴重さが重視される。

私たちがいるこの地球上には、私たち人間と同様に、死すべき命に定められた生きものが、一回限りの命を燃やして、共にこの一瞬を生きている。私たちが踏み潰して命を奪ったアリは生きかえらないし、殺した魚や鳥獣など、一般に動物、生物といわれる生命体を元の生活可能な状態に戻すことは不可能だ。とすれば、私たちの周囲に見かけるあらゆる生命体が、自然の寿命が尽きるまで、できる限り苦しい思いや辛い目に遭うことなく、思う存分自由に生きて、命を全うしてほしいと思う。すべてのことが科学の観点から述べられるのが昨今の流れだが、科学だけで生きものの素晴らしさは知りつくせない。私たちは、生きものを仲間として心で理解できたときに、その生きものの素晴らしさを実感し、その生きものが持つ命の尊さに気づくと言える。そのとき、ウサギも犬も猫も、海を泳ぐイルカも、空を飛ぶ鳥も、地を這う虫も、すべてがいとおしい存在となる。

だから、私は人間の娯楽のために人間以外の生きものを苦しめたり、金儲けの手段として、使うことには反対する。例えば、金を賭ける競馬、娯楽としての魚釣り、動物を戦わせて勝敗を競う闘牛や闘鶏、闘犬、動物を囲って見世物にする動物園や水族館など、また、家畜や家禽を狭い囲いで飼い、その苦しみの犠牲に心を配ることなく食用にすること、動物実験など、すべて生命に対する冒涜《ぼうとく》だといわざるをえない。私たち人間は、もういい加減に人間中心主義の考え方から脱却すべきであろう。動物にやさしくできない社会は、人間にもやさしくできない社会である。動物への扱いは、その国の精神的な成長度を示すものであるともいわれる。

私たちを取り巻く動物や生きものとのかかわりは、私たちを取り巻く自然をどう考え、どう守るのかという自然保護思想の根本的な問題でもある。私はこうしたことについての私なりの考えを一冊の本にまとめてみたことがある。『虫ケラにも生命が…』（朝日新聞社）という本だが、関心のある方は、図書館などで通読してみることをお勧めしたい。

さて、なかのまきこさんだが、なかのさんは、上記の本に私が述べた考えを、まったく気張ることなく、悠々と楽しみながら日々実践されている。なかのさんは私の同志であり、動物の力強い味方でもある。そして、私が尊敬する人物の一人である。今後の活動に心から期待している。

藤原英司（ふじわら・えいじ）
慶応義塾大学卒「動物心理学専攻」。
国立科学博物館動物学研究部員、常磐大学国際学部教授「地球生物環境論、環境倫理」を経て、現在、「環境科学文化研究所」所長、「エルザ自然保護の会」会長。
著書に『アメリカの野生動物保護』（中央公論社新書）、『動物と自然保護』（朝日選書）、『世界の自然を守る』（岩波新書）、『動物の行動から何を学ぶか』（講談社現代新書）、『海からの使者イルカ』（朝日文庫）など。訳書に『シートン動物記全集』（集英社）、『野生のエルザ』（文藝春秋）など多数。自然保護の啓蒙普及活動により、第七回田村賞を受賞。

大きな河の流れのほとりで――あとがきにかえて

すべてがのっそりと遅いわたしにとって、原稿を書くのも当然のようにカタツムリにも追い越されそうなペースになってしまいました。そして、何か野宿関連の事件が起こるたびに、すぐに筆を止めてしまい、そのつどおろおろとしていました。そんなとき、いつも隅田川と荒川は、救いでした。おおらかに流れを止めない川たちは、四季の風景を穏やかに映しながら、ユリカモメたちを乗せながら、悠然と流れていました。

この本の原稿書きに着手し始めてから、二〇〇九年四月に信州のMさんが倒れ、亡くなったことは、本文中にも書かせていただきました。しかし、天国への階段を上っていったのは、彼女だけではありませんでした。

同年七月下旬。東京を離れて野生動物の活動関連で地方に出かけていたわたしは、その日の夕方、一本の電話を受けました。荒川警察署からでした。

「遠藤洋さんをご存知ですか?」

「はい」

「本日、救急車で運ばれて亡くなりました」

荒川医療相談会の人気者のわんちゃん・遠藤モモちゃんのお父さんです。警察官は遠藤さんの携帯電話の着信・送信履歴を調べ、わたしに電話をしてきたのでした。もちろん、遠藤さんがモモちゃんのことでわたしに相談電話をした履歴です。すぐに東京に戻ることもできず、どうしよう!と思ったとき、わたしの代わりに警察署に出向いてくださったのが、荒川医療のメインスタッフである鍼灸師のU先生でした。

遠藤さんは、この日もいつもと同じように、奥さまに「行ってくるよ!」と言い、仕事に出かけたそうです。しかし、突然の心臓発作で路上に倒れ、病院に搬送されたのでした。遠藤さんはそのまま病院のベッドで安らかに旅立っていきました。

火葬のときには六人の活動仲間が仕事を返上して集まり、遠藤さんの奥さまと共に骨を拾いました。長身の遠藤さんらしく立派な大きな骨でした。同年秋に、遠藤さんは府中のカトリック教会に賛美歌と共に納骨されました。秋晴れのさわやかな一日でした。奥さまは今も、愛娘のモモちゃんと荒川河川敷で暮らしています。

さらに同じ頃、山谷の活動家の仲間から電話が入りました。

「井上さんが倒れたよ!」

「ええっ」

思わず耳を疑いました。井上さんは脳梗塞で倒れ、異変に気づいた彼の仲間たちが通報して病院に搬送されたと聞き、あわてて入院先へお見舞いにいきました。山谷の夏祭りではいつもわたしを部屋に泊めてくださり、いっしょにウサギのイノウエくんも保護してくれた、穏やかで太っ腹の井上さん。入院されてからも、企業組合「あうん」の荒川さん、山谷の活動家のなおちゃん、多くの仲間たちの輪が彼を支えていました。

井上さんは、十月に亡くなりました。あうんで行われた井上さんのお別れ会には、多くの人たちが集まりました。あうんを通じて彼と親交のあった近所の人たち、いっしょに闘い支え合ってきた仲間たち、皆が涙を流し彼を見送り偲ぶさまを見て、あらためて井上さんの羅漢《らかん》さんのような人徳に感じ入りました。

そして、まるで井上さんのあとを追うかのように、十一月にわたしの家族であるウサギのイノウエくんが静かに息を引き取りました。大好きだった、マイルス・デイヴィスを聞きながら。イノウエくんの遺骨は、今もわたしの枕元にあります。

わたしは一体、なんのために本を書いているのか、分からなくなってしまいました。

Mさんも、遠藤さんも、井上さんも、皆、わたしの本をとても楽しみにしてくださっていたことを、後に聞かされたからです。彼らにできあがった本をプレゼントするのが楽しみで、わたしも書き綴っていたところがありました。もちろん、いつも、ちいさなイノウエくんが横でエールを送ってくれていたことも忘れられません。

自分ののろまを呪いました。それでも、書き続けようと思ったのは、天国へ行った彼らと、そして路上で亡くなっていく名も知らない皆への、遅れてしまった精一杯の誠意を遂行したかったのと、今現在、野宿という境遇で闘っている人と動物、皆へエールを送りたい一心からです。

わたしができることは、本当にちいさな、ちいさなことでしかありません。だけど、もし、この本で、野宿の仲間たち（人も動物も）に、心を傾け行動を起こしてくださる方が一人でも現れたら、とてもうれしく思います。

この本を書き進めるにあたり、本当に多くの方にお世話になり励まされてきました。

担当編集者の藤川佳子さん。一年半にわたって、いっしょに本をつくる旅をしてくださった彼女は、わたしより十歳も年下なのに、ずっと大人でしっかり者で心の温かい人でした。いろんな現場にいっしょに行ったね。共に出かけ、乗り越えてきた場面をたくさん思い出しています。いっぱい迷惑と心労をかけてしまったかもですが、ほんとにありがとうございました！

ご多忙のなかご寄稿くださいました藤原英司先生ご夫妻、橋爪竹一郎先生。二十年にわたって見守ってくださった恩人にこんなにうれしい原稿をいただき、感無量です。

本の趣旨に賛同していただき、すてきなイラストを描いてくださった霜田あゆ美さん、大変ご多忙のなか、帯にすばらしい言葉を寄せてくださった湯浅誠さん、ありがとうございました。

謝辞、いろんな方々に述べたいのですが、文中に登場してくださった方々には、それをもって謝辞にかえさせていただきます。

この野宿問題について賛同してくださったのは、意外にも野生動物の博士や専門家が多いのです。川道美枝子先生（関西野生生物研究所代表）、野上ふさ子様（地球生物会議ＡＬＩＶＥ代表）、舟橋直子様（ＩＦＡＷ日本事務所長）、長年にわたるやさしい心遣いと的確な助言、心から感謝いたします。そして、やはり野生動物関連の友人・先輩である小島望先生、高橋満彦先生、中西せつ子先生、羽山伸一先生、温かいご声援、アドバイスに勇気づけられてきました。尊敬する奥山幸子先生、福田千晃看護師、山入端さん＆鈴木さん

（以上、八丈動物病院）、猪股智夫先生（麻布大学）、下村かやこ先生、中野祐美子先生、西山ゆうこ先生、梶山あき看護師ほか、獣医療関連の恩師、先輩、同僚の皆さまには、多くのやさしさとパワーをいただきました。

陰ながら応援してくださった友人、あぱっち様（なまえのない新聞）、厚子さん&ねぎ〈元祖ノー・ファー基金〉、朝倉先生、石田様&坪谷様、上嶋様、香織さん、たらった様（ＪＣＡＦＥ）、加藤哲夫様（カタツムリ社）、濱井千恵様（御薗治療院）、原様、堀川ご夫妻、ぼけまる（かけこみ亭）、そしていつも母猫のような大家さんのとっこ様、仙台からの大事な友であるさとこちゃん&順子ちゃん、面倒見のよい河田マスター、心配をいつもかけてしまっている母、ゴルビー、三紀夫、ここに書ききれない皆さま、ありがとうございました。

そして、最後まで読んでくださった貴方に感謝いたします。

合掌。

二〇一〇年五月二日　　なかのまきこ

[連絡先一覧]

企業組合あうん

〒116-0014　東京都荒川区東日暮里1-36-10　TEL 03-5604-0873
URL http://www.awn-net.com/
E-mail　awn0873@nifty.com
[郵便振替口座]　00180-7-2953　[加入者名]　アジア・ワーカーズ・ネットワーク

隅田川医療相談会

ブログ　http://ameblo.jp/sumidagawa-health/

足立野宿者支援の会・さくら

E-mail absinthe1872@live.jp
[郵便振替口座]　10050-81817401　[加入者名]　足立・野宿者支援の会「さくら」

足立野宿者支援の会・さくら「どうぶつ班」

[郵便振替口座]　00160-9-595575　[加入者名]　足立野宿者支援の会 さくら・どうぶつ班

山谷労働者福祉会館

〒111-0021　東京都台東区日本堤1-25-11　TEL 03-3876-7073
URL http://www.jca.apc.org/nojukusha/san-ya/
[郵便振替口座]　00190-3-550132　[加入者名]　山谷労働者福祉会館　運営委員会

特定非営利活動法人　自立生活サポートセンター・もやい

〒162-0814　東京都新宿区新小川町7-7 ＮＫＢアゼリアビル202号室
TEL　03-3266-5744（火曜日・金曜日のみ）
URL http://www.moyai.net/
E-mail info@moyai.net
[郵便振替口座]　00160-7-37247　[加入者名]　自立生活サポートセンター・もやい

野宿者ネットワーク

〒557-0004　大阪府大阪市西成区萩之茶屋3-1-10 ふるさとの家
TEL 090-8795-9499（緊急電話）
URL http://www1.odn.ne.jp/~cex38710/network.htm
E-mail networknojukusha@corp.odn.ne.jp
[郵便振替口座]　00980-2-31248　[加入者名]　野宿者ネットワーク
※会員（支援）1月1,000円／賛助会員　1年5,000円

釜ヶ崎医療連絡会議（医療連）

〒557-0000　大阪府大阪市西成区太子2-1-2
TEL 06（6647）8278
E-mail kama-iryoren*mwa.biglobe.ne.jp
[郵便振替口座]　00940-5-79726　[加入者名]　釜ヶ崎医療連絡会議

ＪＦＳＡ 日本ファイバーリサイクル連帯協議会

〒260-0001　千葉県千葉市中央区都町3-14-10　TEL 043-234-1206
URL http://www.f3.dion.ne.jp/~jfsa/
E-mail　jfsa@f3.dion.ne.jp
[郵便振替口座]　00160-7-444198　[加入者名]　ＪＦＳＡ
※正会員（個人）　1年5,000円（1口）／支援メンバー（個人）1年2,000円（1口）

0《ゼロ》動物病院（太田快作）

E-mail　kaisaku-000@memoad.jp

かぶくん動物病院

E-mail　cubkuma@gmail.com

本書で紹介および関連した野宿者支援グループ、動物保護グループおよび獣医師連絡先です。

ご関心のある方は、お問い合わせください。また、これらのグループは寄付によって支えられています。

皆さまの温かいご支援もあわせてお待ちしております。

多忙のためすぐにお返事できない場合もございます。ご了承ください。

なかのまきこ（中野真樹子）

1968年仙台に生まれ育つ。1988年より動物と人の共生を考える自由非組織「ひげとしっぽ企画」を主宰。動物実験や野生動物、犬猫の問題に取り組む。麻布大学獣医学部獣医学科を2000年に卒業、その後獣医師となる。「ALIVE（地球生物会議）」調査員、「IFAW（国際動物福祉基金）」日本事務所スタッフなどを経て、現在は往診専門の「ひげとしっぽ移動どうぶつ病院」をアパートの一室で営む。患者さんは野宿仲間の家族動物や地域猫がほとんど。「八丈動物病院」非常勤務獣医師。「千葉県里山シンポジウム実行委員会野生動物分科会」代表。「千葉県ニホンザル保護管理計画」検討委員ほか。著書に『実験動物の解放』（カタツムリ社）など。

http://amanakuni.net/maki/fade.html

野宿に生きる、人と動物

二〇一〇年六月一八日　初版発行
二〇一一年二月二十日　二刷発行

著者　なかのまきこ
発行者　井上弘治
発行所　駒草出版　株式会社ダンク　出版事業部
〒一一〇−〇〇一六　東京都台東区台東一−七−二
秋州ビル2F
TEL：〇三（三八三四）九〇八七
FAX：〇三（三八三一）八八八五
http://www.komakusa-pub.jp/

装丁　来栖紀子（ダンクデザイン部）
装画・挿絵　霜田あゆ美
本文写真　なかのまきこ
組版　Mojic
印刷・製本　シナノ印刷株式会社

ISBN 978-4-903186-78-8

JASRAC　1005854-001